いまこそ都市農《としのう》!

都市農業・農地を
活かすことで変わる社会

蜂須賀裕子　櫻井勇

はる書房

まえがき

都市農業という言葉が使われ始めたのはいつごろだろう。高度経済成長期以降、市街地の拡大により都市化された地域で営まれる農業は、こう呼ばれるようになったらしい。市街地に移り住んだ人々にとって、その地域に点在する田畑は、せっかくの都会的なライフスタイルをおとしめる要因のひとつでもあった。土埃や泥は傍迷惑だし、農薬や化学肥料は人体に悪い影響を及ぼしかねないと、農地そのものが疎まれたりもした。ところが、ここへきて、その農的な環境が大いに見直されつつある。

都会に居を構え、少し足を延ばせば、緑豊かな田園が広がる。さわやかな風があり、明るい光がある。そんな風景を愛でるだけでなく、この田畑から得られる新鮮な作物を味わえるというのは、理想的な暮らしである。が、農作物はもちろん、田園風景も人の手助けがなければ、決して成立しない。これを敏感に察知したのか、最近では農学系の大学を志望したり、休みになると地方の農村に援農に出掛ける若者もいる。地方に移住して農業に携わる者も少なくない。都市部では地域の住民たちとふれあおうと、野菜の直売所や農業体験農園を開設する農家も目立つ。体験農園は定年退職した男性たちのかっこうの〝地域デビュー〟の場にもなっていると聞く。

子どものイジメ、若者の引きこもり、中年男性の自殺、高齢者の孤独死……二一世紀という時代のキーワードのひとつは、孤立といえる。が、学童農園や体験農園などにおける農作業は孤立を緩和する役割も担う。それは同じ空間の中で集団で働く心地よさ、植物（特に食べ物である農作物）を育てる楽しさだけではない。実は手軽に孤独を味わえるのも農業のよさなのである。孤独を知ることも孤立の緩和になる。農作物を栽培するプロセスの中では自らが望めば、簡単に小さな孤独を手に入れることができる。私自身、田植えを手伝ったり、体験農園で土づくりや草取りをしているときに、一人を楽しんでいる自分に気づくことがある。無心になれるのだ。土や植物を相手にものを問うたり、自分自身と対話したりすることができるのである。

ＴＰＰ（環太平洋戦略的経済連携協定）をめぐる記事を読むと、その論調は鎖国か開国かと迫るようなものが少なくない。食料自給率の低さを考えると、日本人は自分たちの腹も満たせない民族なのかと情けなくもなるが、鎖国か開国かの前に、国内において、地域において農業をもっと解放してほしいと思う。これは制度的なことだけではなく、農業という営みに対する考え方やありかたについても、だ。そして、そのカギは、今、ここにある都市農業が握っていると思われる。

日本の農業の元気を底上げする意味からも都市農業は元気でなければならない。もちろん、都市農業が元気であるためには都市に暮らす私たちもその一翼を担う必要があるのはいうまでもない。
まずは、都市農業を楽しもう。

二〇一一年三月

蜂須賀裕子

いまこそ「都市農」！◉目　次

第2章　都市農業の〝いいとこどり〟

第3章　農の力で地域をつなぐ

第2部 「農」を街につくる

第1章 「都市農」の可能性

第2章　都市における農業・農地

第3章　「都市農」をつくる

第1部

「農」は人と街を元気にする

第1章

農業というなりわい

最寄り駅は東京・新宿を起点とする西武新宿線の東伏見駅、あるいは西武柳沢駅。どちらの駅からも歩くと、五分ほどの距離だ。東伏見駅からなら静かな住宅街を抜けることになるが、塀ごしに赤い鳥居が覗《のぞ》いていたり、門前で朝採り野菜の直売をしている家も見られる。のどかな街である。UR（独立行政法人都市再生機構）の団地群を抜けると、家々の屋根に囲まれるように畑が広がる。手前は地元農家のキャベツ畑、その向こうがめざすトミー倶《く》楽部《らぶ》。二〇〇五（平成一七）年に開設された農業体験農園だ。現在、約五六アールの園内には体験用の畑（三〇平方メートル）が一一一区画設けられている。

トミー倶楽部の園主は冨岡誠一さん、一九五八（昭和三三）年生まれである。冨岡家はここで代々農業を営んできた。道路脇に立てられた〝トミー倶楽部〟の大きな看板の前に立つと、広い園内が見渡せる。整然と並んだ長方形の畑はみな同じように見えて、実はそれぞれ微妙に異なる。ネギ、サトイモ、シュンギク、大根……栽培している農作物の種類や配置はいっしょだが、マルチ（地温を高めるために畑に敷くビニール）やトンネル（ビニールの蔽《おお》い）の張り方、野菜の収穫の仕方には明らかに栽培する人の個性が出ている。

父の跡を継ぐ

利用者たちがクラブハウスと呼んでいる大きな手づくりのビニールハウス前には、やはり手づくりの木製のテーブルとベンチが置かれている。そこで冨岡さんに話を聞いた。都市農業についてである。

平日の昼間だというのに農園には代わる代わる利用者が訪れ、道具の入っているロッカーから鍬《くわ》や移植ごて、じょうろなどを取り出すと、それを持って、いそいそと自分の畑へ赴く。ここでは、すでに当たり前になっている光景なのだろうが、人々が畑仕事をするのを見ているはなぜか楽しい。冨岡さんの視線の先にもシュンギクに寒冷紗《かんれいしゃ》をかけている利用者がいた。

「ずっと、うちは農業です。父も祖父も曾祖父《そうそふ》も……。でも、わかっているのは祖父の代くらいからかな」

冨岡さんの祖父の代にはウド栽培をしていた。東京、特にここらは昔からウドの産地として知られている。関東ローム層（赤土）は、ウドを栽培する穴蔵（ムロ）を掘るのに適しているのだ。しかし、地下三〜四メートルのじ

最寄り駅から歩いて15分。
トミー倶楽部は住宅に囲まれている。

めじめとしたムロの中で、腰をかがめての作業はつらい。祖父も体が弱かったが、中学卒業後、その跡を継いだ父親もムロで体を壊してしまう。

周辺の農家の多くはナシなどの果樹かキャベツをつくっていた。それで、冨岡さんのところもウド栽培をやめ、キャベツ一本で勝負することにする。

「子どもの頃は、キャベツの苗の植え付けくらいは手伝ったけれど、高校、大学と年齢が上になるほど家を継ぐのはいやだなと思うようになりました。僕は両親に向かって『農家なんて、やめちゃえばいいよ』と平気で言える若者でしたね。だから父も僕には期待していなかったと思います」

冨岡さんは大学卒業後、いったん勤めに出たものの、父親の入院を機に家業を継ぐ決意をする。もちろん、迷いはあったが、それよりも病気の父親を元気づけたいという気持ちが大きかった。

「『俺がやるよ』と言ったら父はすごく喜んだ。だから、そのときは、これでいいんだと、思っていました」

冨岡さんにしてみれば、病気の父親を目の前にして、こう言うしかなかったのかもしれない。それまで農業に否定的だった息子の思いがけない一言は、父親をどれほど喜ばせたことか……。退院後、父親は冨岡さんに栽培や出荷のノウハウを教え、市場の担当者などにも引き合わせる。一年ほど経って冨岡さんがようやく仕事の全体像をつかんだ頃、父親は亡くなった。

売れるだけでいいのか

それから冨岡さんは母親と二人で畑に出た。キャベツをつくり続けた。農業者としての本格的なスタートはこのときからといえる。冨岡さんは二六歳になっていた。

「農業をやろうとは決めたものの、農業ってダサいな、という気持ちも多分にありました。友達がスーツ姿で街を闊歩《かっぽ》しているときに、みんなでドライブだ、ショッピングだと遊び回っているときに、こちらは畑で泥まみれ。カッコ悪いから友達とはなるべく会いたくなかった」

だから、精一杯の抵抗として、ナイキのシャツに短パン、耳には大きなヘッドホンというでたちで畑に繰り出した。「今思えば、何やってるんだか」である。ただし、キャベツづくりには自信があった。中学では野球、高校・大学ではラグビーで日本一をめざしたスポーツマンの冨岡さんにとって、こつこつと試行錯誤をするのは、むしろ楽しくさえあったという。野菜栽培の専門書を読みあさり、父親の仲間からアドバイスをもらい、他の産地にも視察に出掛けた。

「いいモノをつくりたいという気持ちは強かったですね。そして、正直に、

園主の冨岡誠一さんいわく「野菜は足音で育つ」。要は足繁く畑に通うことが大事。

誰が見てもL（サイズ）はL、MはMとして売る――これは肝に銘じていました。でも、いい時代でしたよ。市場では〝東京キャベツ〟をあてにしてくれていましたから」

　祖父、父と二回の相続で畑は半分ほどに減ってしまったが、母親の実家の畑も借りて一番多いときは合わせて一町歩くらいキャベツをつくった。中国や韓国から輸入野菜が入って来るようになったのはこのころからだが、冨岡さんにとって、これはまったく問題にならなかった。相手にならない。輸入キャベツはどう見てもおそまつで加工用でしかなかったからだ。

　ところが、数年経つと、輸入野菜もなんら遜色《そんしょく》がなくなってくる。国内の野菜が高くなると海外ものがどんどん入ってきて、市場の値段はぎりぎりまで抑えられてしまう。野菜農家はどこも、それこそ食っていけない。冨岡さんもキャベツを市場に出すのをやめた。その分、母親と二人で必死に働いたが、大卒の初任給にもおよばなかった。

　それまでも虫食いのB品キャベツは庭先で「ご自由にどうぞ！」とか一〇円キャベツとして並べていたが、数個ずつ袋に詰めて近所のレストランなどに置いてもらったら、これが意外なほど売れた。キャベツ以外の露地野菜も置いてもらった。出せば出すほどお金にはなるが、母親と二人で毎晩遅くまで袋詰めをしていて「これでいいのか」と、ふと不安にもなる。

「母親が歳をとってきたことにも気づかず、作業のしかたについてがみがみ言っている自分に気づいて、これではだめだと思いました。自分一人でできることを考えないといけないな、と」

学校給食と学童農園に取り組んで

「自分一人でできること」として冨岡さんがまず考えたのは、学校給食と学童農園であった。学校に給食用の野菜を納め、それと連動して学童農園で子どもたちに野菜づくりを体験してもらう。すでに農業を始めて七～八年経っていたから、ある程度、地元の状況なども把握できていた。四つの小学校で給食を、二つの小学校で学童農園をスタートさせた。学童農園は冨岡さんの畑の一部を開放し、一年生から六年生まですべての学年を指導した。最初のうちは子どもたちがつくった野菜が給食に使われることもあった。

しかし、農家が直接、学校に野菜を納めるのは、そう簡単なことではなかった。「野菜のサイズが揃っていない」「泥がついている」「虫がついていた」などクレームも少なくない。「食育」や「地産地消」などという言葉が聞かれるようになる、ずっと前のことであるから、校長や栄養士の意識も対応も学校によってまちまちだった。

農業は土づくりが大切。
3月下旬、トミー倶楽部もここから始まる。

「でも、子どもたちに農業や野菜について話すのは楽しかったですね。話すことで自分の仕事を確認できるし、それが勉強にもなる。教える喜びって、こういうことなのか、と思いました」

しかし、学童農園も学校のカリキュラムに縛られているので、思うように子どもたちに作業をしてもらうことができない。冨岡さんとしては、種蒔《たねま》きと収穫だけでなく、その間の野菜の管理もやってほしかった。が、「もっと農園に来られない？」「もう少し時間をとっていただけませんか？」という言葉に対する返事は、結局もらえなかった。子どもたちと直に話をして、野菜づくりをどう思っているか聞いてみたいと思ったが、話はいつも教師経由。冨岡さんにとって、このことも学童農園の試みを今一つ物足りないものにしていた。当時の子どもたちは本当のところ、農業体験をどう思っていたのだろうか。

ある年のことである。そろそろ大根の収穫時期なので、そのことを学校に連絡すると、時間をつくって農園に行くという。ところが、放課後、収穫に来た子どもたちは背中のランドセルを下ろすのももどかしげに、畑で大根を抜き、それを持ってそそくさと帰っていく。その姿を見たとき、冨岡さんは「これは違う」と思った。「じれったい思い」の中で一〇年ほど続いた学校給食と学童農園にピリオドを打つ決心をしたのはこの時である。

週末に行なわれる講習会もなごやかな雰囲気だ。

体験農園はやりたいことがいっぱい

「母親とやっていたキャベツづくりも学校給食や学童農園も〝業〟にはなっていなかったんです」

冨岡さんは今の自分に、今ある条件のなかで、何ができるのだろうかと考えた。その条件とは、自分一人でできること、しっかりお金になること。できれば、もう少し力を抜いて生業としての農業を楽しみたいという気持ちもあった。

そのころ、冨岡さんは公民館で開催している「農業を知る講座」の手伝いをしていた。「いっしょにやろう」と誘ってくれたのは地元農家の保谷さん。旧知の間柄である。参加者は農業に関心のある大人たち。そこでは一般の人たちの農業に対する考え方にもふれることができ、それがとてもおもしろかった。三年間、講師を続けるなかで、さまざまな情報も入手できた。人脈も広がった。そのひとつが農業体験農園である。農家が自らの畑を地域住民に開放し、農作業を指導する有料の体験型農園である。実際に視察もし、研修にも参加した。冨岡さんには「これだ！」という手ごたえがあった。本格的にスタートするに当たっては、先駆けとなっている練馬区の体験農園に一年間通った。野菜づくりの講習を自ら体験するためである。

「人前で話をするのは蕁麻疹《じんましん》が出るんじゃないかと思うほど苦手でした。今でも、こんな説明でわかってくれるのかなと、心配ですよ」

実は、これは冨岡さんの取り越し苦労。利用者たちの話によると、トミー倶楽部の講習会は本当にていねいでわかりやすいという。同じ内容の講習会を金・土・日と三日間、開いてくれるのも利用者にとってはありがたい。

「開園して二年くらい経つと、利用者から反響が返ってくるようになりました。『野菜がおいしかった』っていう以上のうれしい言葉をたくさん聞いて、こちらも本当に感激でした」

だから、冨岡さんは利用者をもっと驚かせてあげたい、楽しませてあげたいと思う。頭の中は常にやりたいことでいっぱいだ。同じニンジンやレタスでも品種を変えたり、栽培法を変えたりする。そのために一～二年、自分の畑で試作をすることもある。栽培には化学肥料も使用するが、有機栽培にこだわる人には、それ相応の指導もしている。

人の輪が生まれ、広がり、トミー倶楽部という〝場〟が徐々にできあがっていった。クラブハウスの壁には利用者それぞれがすすめる野菜料理のレシピが貼《は》られるようになり、農業関係のおすすめ本や講習会などの情報交換もなされるようになった。収穫祭や餅つきはもちろんだが、利用者たちが率先して料理講習会、一品持ち寄り食事会などさまざまなイベントも企画する。圧巻は利用者の一人が発明した太陽熱を利用したクッキンググッズの製作。みんなでサツマイモをアルミ箔で包んで焼き芋をつくったという。利用者でもあるレストランのシェフが開いた料理講習会では大きくなりすぎたズッキーニの実、花までも調理して食べた。

「体験農園は一人で農業をやるには最高の形ですよ」

今、冨岡さんはひそかに母屋の隣の築一〇〇年の納屋を改装して、うどん打ちや藁細工《わらざいく》、ミニコンサートや寄席などのできる文化交流施設にする計画を立てている。そこを拠点に、畑のある環境を生かし、キッズクラブも立ち上げるつもりだという。腐葉土でカブトムシを育てたり、落ち葉のプールに寝転んだり、薪《まき》で新米を炊いたり……。包丁を使わない料理、子どもたちの好きな餃子《ぎょうざ》やカレーライスを畑の野菜でつくるなど冨岡さんが二〇年前に学童農園でできなかったことを親たちも巻き込んで地域の子どもたちとやるつもりだ。

「今、大人たちが体験農園で味わっている楽しみを子どもたちにも味あわせてあげたい。今なら、ここでなら、食べることの大切さや農業の楽しさもしっかり伝えられると思います」

プランニング真っ最中のこの計画は来年には現実になる。

畑で農作業の説明。
プロならではの秘訣《ひけつ》も惜しみなく教えてくれる。

■農業は楽しい

昔と今では冨岡さんの農業に対する考え方は変わったのだろうか。その答えは即座に「変わりましたね」。今は農業という仕事が本当に楽しいのだという。

「楽しく前向きに農業をやるには、農家以外の人たちと話さなくちゃだめです。農家同士の会話は後ろ向きになりやすいのです」

農業者同士で仕事の話をすると、どうしても農作物の品種や価格の話に集約しやすい。そして「今年は安いなあ」「この気候じゃ、だめだろうなあ」「俺の代でおしまいだな」と話がマイナーな方向に進んでいってしまう。

「自戒の意味もあるけれど、都市部の多くの農家は地方と異なり、アパート経営で暮らしていけるので、農業に対して真剣さが足りない。だから、力が入らないし、知恵も回らないんじゃないかと思いますね」

仕事としてやる農業は経営的にも肉体的にも大変だし、人間の力ではどうしようもできないこともある。しかし、体験農園に参加したいと考える人たちは、趣味でやる農業の楽しさを十二分に知っている。だから、利用者たちはみな、やる気があるし、何かおもしろいことがないかと、いつも手ぐすね

キュウリの消毒の仕方を教わる利用者たち。
夏野菜の収穫はもうすぐだ。

引いて待っている。冨岡さんはそれに応えるために、いろいろな人たちの話を聞き、情報を集め、それをヒントに新しい試みにチャレンジする。それが園主の仕事であり、醍醐味《だいごみ》でもあるのだ。

「否定的なことを言う人もいるでしょうが、今一番、農業をやりやすいのは都市だと思いますよ。なにしろ市場性がありますから」

市場が近くにあれば、地産地消が実践できる。消費者に地場産の鮮度のよい野菜を提供できる。冨岡さんは、課題はそれを提供するためのルートづくりだという。それは、たとえば直売、配達、もぎ取りなど。野菜をスーパーなどに出す以外にもいろいろな方法が考えられるはずだ。

実は、冨岡さんは昨年、母親を亡くした。その相続のために母屋の敷地の一部を売らなければならなくなった。家が狭くなるのはいい。だが、隣にどんな人が住むようになるのかは気になる。できれば、通りを挟《はさ》んだ向こう側は畑という、この環境を好ましく思ってくれる人に住んでほしい。そう思っていたら、目の前の畑も住環境のひとつだと考えてくれる地元のハウジング会社がみつかった。誰もが便利な〝駅近〟を好むわけではない。駅から少し離れていても田畑などの緑の多い立地を好む人もいる。ハウジング会社は、そういう人たちに向けて、この環境にあったデザインのエコ住宅を建ててくれるという。

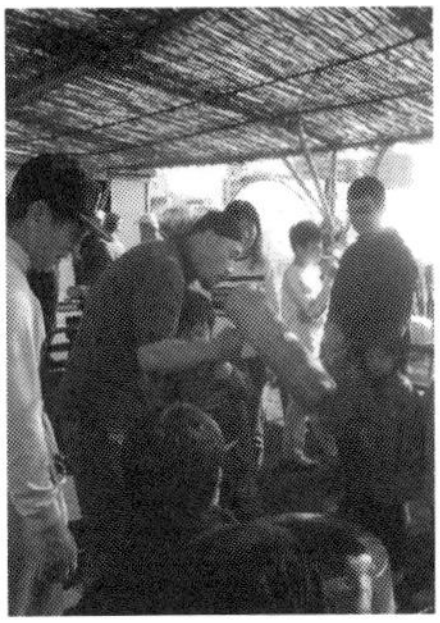

年末恒例の交流会では餅つきも。
のし餅にして、それぞれ持って帰る。

「もう少し若いころは先祖代々の土地を守らなければならないという使命感ばかりでした。もちろん、今もこの土地に対する思い入れはあります。でも、この年齢になって、畑のある、この環境は地域の人たちのものでもあるんだということに気づきました。そして、この農地をしっかり地域に残していくのも僕ら農業者の責任のひとつだと考えるようになりました」

冨岡さんには子どもが二人いる。一人は今、大学で農学を学んでいる。冨岡さんがその息子に「(跡を)継いでくれるんだよな」と聞くと、彼は「生物学は好きだけれど、虫は嫌い。野菜も苦手だからね。それにオヤジのようにはできないよ」と、あっさりと言う。冨岡さんは心の中でひそかに、虫も野菜も嫌いな農業者がいてもいいと、思う。

最近、息子は時々、農園に出てくる。クラブハウスで自分よりずっと年上の利用者たちと何やら話をしている。畑仕事をしている人たちと野菜づくりについて話していることもある。

「息子は農業を、今の僕の仕事をどう見ているかわからないけれど、今の僕は胸を張って言えますよ。『農業者です』と」

心配御無用。楽しそうに畑仕事をし、利用者と語らっている冨岡さんは息子の目にもかなりかっこいい農業者に映っているはずである。

第2章

都市農業の“いいとこどり”

■機能別に分類できない都市農業

ここ数年、農業、特に都市農業に対する人々のまなざしが変わってきた。これは人々が、農業という産業がわれわれの暮らしにもたらしてくれるものは農作物だけではないということに気づいたからだ。「なぜ、農業が必要なのか」と問えば、日本の食料自給率の低下や景観保全、地球温暖化防止など理由はいくらでもあげられる。しかし、農業に対する人々のまなざしの変化は、こういった、ありていの言葉だけで説明がつくものなのだろうか。私も東京で暮らし、農家の直売所で野菜を買い求めたり、農業体験農園に参加したりして都市農業の恩恵に浴しているが、「なぜ、今、都市農業なのか？」と問われても正直いって、うまい答えを見つけることはできない。無理に答えようとすれば、先にあげたような、とってつけたような理由になってしまうにちがいない。

数年前、「都市農業・農地の多面的機能」という公的機関の調査を手伝ったことがある。都内の農家や集落、ニュータウンなどに赴き、地域の特色、農地面積、農作物の種類と収穫量、経営の課題などについて聞き取り調査をするのだが、一番の目的はこの調査のタイトルにもなっている農業・農地の多面的機能を調べることであった。要するに農家あるいは地域が農地を利用して行なっている活動を調査するのである。その多面的機能の分類例としてあげられていたのは「農作物生産」「環境保全」「レクリエーション」「防災」「景観形成」「食育等教育」「地域コミュニティ」「その他」だった。しかし、取材相手の話に耳を傾ければ傾けるほど、その農家や地域の活動は、ここに掲げたすべての機能に当てはまってしまうのだ。

　たとえば、取材した八王子市のニュータウンは地権者であった農家の人たちと新しく住み着いた人たちがさまざまな形で交流をしている。小正月には収穫の終わった畑でどんど焼きをするが、米粉でつくった繭玉《まゆだま》だんごをヤマボウシ（ヤマクワ）の枝に刺し、焚《た》き火で炙《あぶ》って地域の人たちと〝福〟を交換して食べる。これは農作物生産はもちろん、レクリエーション、地域コミュニティ、食育にも当てはまる。手入れの行き届いた畑は地域にとって環境保全にも景観形成にもなるし、災害時の一時避難場所にもなる。さらにどんど焼きは小正月の伝統行事でもあるから「その他」にも書き込みが必要になる。農家が開設した農業体験農園の餅つき、農家の庭先の野菜などの直売も

小平市にはさまざまな農産物直売所がある。どこも常連がついていて、すぐ完売する。

このどんど焼きと同様、さまざまな要素や役割がみいだせる。

だから、取材した農家などが行なっている活動内容はそれぞれ異なるが、例とされていた多面的機能で分類してしまうと、その違いはほとんど見えなくなってしまう。この調査から「農業には多面的な機能がある」という結論は簡単に導き出せるだろうが、これじゃあ、漠然としすぎていておもしろくないし、それ以前に説得力に欠ける。

緑が人を元気にする

「緑を見ると、人は元気になるんです」

こう言ったのは園芸高校の生徒だ。山梨県のその学校では生徒たちが園芸療法のボランティアをしている。園芸療法とは植物の鑑賞や栽培など園芸にかかわることにより身体的・精神的な健康の回復や向上を促そうというもので、欧米ではすでに高齢者や身体障害者などに用いられている。ストレス解消や気分転換などアロマセラピー的な効果も期待できるが、水をやったり、草を抜いたり、土をかぶせたりする作業を通して手や足、指などを使うため、身体機能を回復させるためのリハビリテーション効果も期待できる。

さらに園芸療法が優れている点としては、同じ花や野菜の種子を同じ条件下で蒔いても同じようには育たないということがあげられる。作業の上手下手もあるが、植物にとって水やりや間引きなど人間の行なう作業は、環境のひとつに過ぎないのだ。たとえば、小学生が蒔いた種子がしっかり発芽し、園芸家の蒔いたものがまったく発芽しないこともある。だから、大勢で作業していても、へんに競争心を煽《あお》られたり、劣等感をもたなくてすむのがいい。また、同じ場所で複数の人といっしょに野菜や花を育てるなら、知らず知らずのうちに他人とふれあう機会もできる。

生徒たちは、看護師やケースワーカーなどの医療福祉関係者と園芸専門家が立ち上げた園芸療法研究会の協力のもと、地域の病院で園芸療法ボランティアをしている。園芸療法を受けるのは脳卒中や神経痛、リウマチ、パーキンソン病などで、この病院に長期入院している患者たちである。病院の庭の花壇は車椅子に乗ったまま作業ができるように高く設《しつら》えてあるが、高校生たちは患者たちが作業をしやすいように、さまざまな工夫をこらしていた。小さな種子はコショウの容器に入れ、土の上で軽く振る。花壇にそのまま置くだけでいいように土団子の中にあらかじめ種子を埋め込んでおく。こうすれば、手先の不自由な人でも簡単に種蒔きができる。最初は大儀そうだった患者も少しずつ作業になれてくると、生徒たちに笑顔を向けるようになる。二葉が育って花や実をつけるころには、患者たちは生徒たちと親しくなって

東京の杉並区にある「馬橋リトルファーム」でネギの収穫をするボランティアたち。

いる。土の温もり、太陽の光、草花の生命力――緑は確かに人を元気にする。

農学者で造園学者の進士五十八さんに「都市における緑の環境づくり」というテーマでお話をうかがったことがある。都市に住んでいる人間にとって緑がいかに大切かという話である。人間には緑が不可欠なのはもちろんだが、人間が希求する緑の量はみな同じだというものだ。この場合の緑は自然を指し、このなかには草花や樹木、森や山だけでなく海や空、鳥や動物、虫も含まれる。そして、毎日、盆栽や鉢植えの花に接している人と週末や長期休みに山や高原に行く人では、どちらも接する緑の総量は変わらないというのだ。この場合、猫や犬や金魚などのペット、観葉植物も緑としてカウントしていい。進士さんは「これ、仮説だよ」と笑っておっしゃったが、東京の私鉄沿線の駅から徒歩五分のアパートに住み、仕事が暇になると秩父の山歩きをしていた当時の私は妙に納得してしまった。

■都市農業が健全ということは

東京っ子の私が都市農業という言葉を意識して聞いたのは一九八六（昭和六一）年のことだ。神奈川県の地方紙の仕事で「お米と食文化を考える」という座談会のまとめを担当した。県内の大学や短大で農学、栄養学、経済学などを専攻する学者たちがさまざまな角度から食文化について語った。座談会の最後のテーマは神奈川県の農業について思うことである。

このなかで、当時、横浜国立大学経済学部教授であった田代洋一さんは、次のようにコメントした。

「都市農業が健全ということは、都市の緑、空間、安全が保障されているということにもなります。しかも、その環境に関するコストは農業生産が全部、知らず知らずのうちに負担してくれているわけです。この辺を農業に従事する人たちも消費者に向けてPRすればいいと思うんですけどね」

そして、「両者のコミュニケーションで身近な田園環境を二一世紀に残したいと思います」と締めくくった。

このときの私の感想は「都市に緑があるのは好ましいとは思うけれど……」くらいであった。正直に白状してしまえば、農業と都市の緑を結びつけて考えることはできなかった。都市の緑といわれて、当時の私の頭にまず浮かんだのは、公園や神社、並木などであった。実は私の父は愛知県西尾市出身。農家の息子である。だから。私たち姉妹は子どものころ、必ず夏休みに田舎に連れて行かれた。最寄り駅からタクシーに乗るが、車窓の風景は田んぼと茶畑ばかり。祖母の家のまわりも畑だらけだし、山ではみかんも栽培されていた。肥溜《こえだ》めのある庭にもネギやキュウリ、ナス、スイカなどが所狭

ＪＡ東京むさし第50回三鷹地区農業祭。キャベツの海に宝船が浮かぶ。

しと植えられていた。そして、私が祖母を喜ばせようと、「ここは私が継ぐからね」などというと、平素はやさしい祖母が「東京もんに百姓はできん」と怒ったような顔をする。だから、私にとって、これらの緑は田舎にこそあるべきものであった。

東京の自宅の近くに「私たちは緑をお届けしています」という看板を見いだすようになったのは、いつごろのことだろうか。そこで野菜や花卉《かき》などが栽培されているのは承知していたが、正直なところ、これは釈然としなかった。なんだか不思議な気がした。

東京の郊外で野菜の無人販売を日にするようになったのは一九九〇（平成二）年ころだったと思う。たまたま農家の前や畑のそばで野菜の直売に出くわすと、買い求めるようになった。このニンジンはこの畑（農家）でつくっているのかと思うと、少しくらい不格好な野菜でも親しみがもてた。安心な気がした。もちろん、新鮮で価格が安いのも大きな魅力である。

ちょうど、そのころイタリアの首都ローマにファーストフード（マクドナルド）が進出し、スローフード運動が始まった。スローフード協会が「スローフードな食卓からはじめるべき」というユニークな宣言をしたのが一九八九年だから、日本にもそういう風がそろそろ吹き始めていたのかもしれない。ちなみに日本に外国産の野菜がどんどん輸入され始めたのも一九九〇年ころ

トミー倶楽部で耕耘機の指導を受ける。
コツさえつかめば操作は意外に簡単だ。

からである。

野菜の直売をきっかけに、キュウリやナスなどをつくっている畑にも少し目がいくようになった。田代さんのいう「都市農業が健全ということは、都市の緑、空間、安全が保障されているということ」の意味も少しだけわかった気がした。

縮まってきた都市農業と住民の距離

仕事でたくさんの農家の人たちから話を聞く。最近では都会から地方に移り住んで農業を始める人もそれほど珍しくはないが、やはり、その土地で代々農業を営んできたという人が多い。都市部で農業を営んでいる人は当然ながら「うちは代々百姓だよ」という人がほとんどだ。

都市の農家の人からよく聞くのは「先住民はおれらなんだけどなあ……」という言葉だ。あきらめたような、呆《あき》れたような口調が共通した特徴である。彼らがいうように、そこにはもともとは農地が、農家があったのだ。

今のような輸送手段がなかったころ、野菜は都市近郊でつくられていた。一九六二（昭和三七）年の野菜の産出額を都道府県別にみてみる。比較的貯蔵のきくタマネギ、大根の多い北海道を除くと、主要な産地は千葉、埼玉、

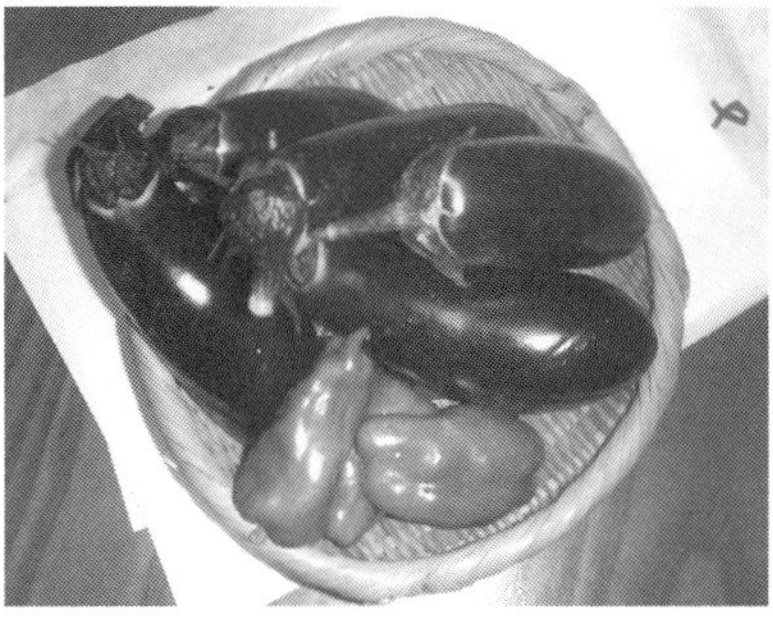

見た目良し、味良しのナスとピーマン。
苗木２本から穫れたナスは、なんと300個以上。

静岡、愛知に集中している。東京は全国の二・五％、大阪は三・三％を占めている。が、高度経済成長が進むと都市近郊の農地転用に拍車がかかり、その結果、野菜の価格は高騰した。そして、低温輸送技術が開発され、野菜は遠隔地の畑から段ボールごと冷却されて運ばれてくるようになった。これなら一定の味と鮮度が保てるし、価格も抑えられる。少し前、カット野菜のメーカーを取材したことがあるが、鹿児島、熊本、長野などの畑で収穫されたキャベツが工場で千切りにされ、首都圏のスーパーの野菜売り場に並ぶまでわずか二日間。それくらい輸送技術は発達しているのだ。担当者から聞いた新鮮さを保つためのキャッチフレーズは「コールド・チェーンを切るな」であった。

さて、都市農業である。自らが先住民だという農家の人たちの言い分は正論ではある。が、その地域が宅地開発され、住宅が建ち、そこに引っ越してきた人たちからすれば、「どうして、こんな街中に畑があるの？」ということになる。そういえば、東京・稲城市に家を新築した主婦は「住宅街の真ん中に幟《のぼり》を立てて、ナシを売っているのよ。不動産価値が下がっちゃう」とこぼしていた。

地域の人たちの不満は、畑からの土埃《つちぼこり》、堆肥《たいひ》の臭い、消毒薬や農薬が人体に及ぼす影響などである。行政とタイアップして学校給食の調理残渣《ざんさ》など

ＪＡ東京むさし三鷹地区青壮年部「エコ堆肥部会」。
給食残渣と公園の剪定《せんてい》枝チップが堆肥に変わる。

で堆肥づくりをした農家の話だが、できあがった堆肥を住民に無料配布したら、「この臭い、どうにかならない？」といわれたという。「僕らにすれば、その臭いはよくできた証拠なんですけど……。無臭にしてくれといわれてもね」と農家の青年は落胆していた。

もちろん農家は土埃や臭い対策のために、さまざまな工夫をしている。八王子で乳牛を飼っている農家は、近くにある缶コーヒーの工場から豆の滓《かす》をもらい、牛舎に敷いて臭いを緩和していた。消毒薬を撒《ま》く前に周囲の家に必ず挨拶《あいさつ》に行ったり、日頃から余った農作物を配っているという農家も少なくない。

ところが、農業体験農園の園主たちに話を聞くと、体験農園を始めてからは地域の人たちからの苦情がめっきり減ったという。もちろん、周囲の人たちがすべて体験農園を利用しているわけではない。たぶん、地域の人たちは最初、「どうして、こんなに多くの人たちが野菜をつくるために、ここへ来ているのだろう」という疑問をもったに違いない。楽しそうに野菜をつくっている人を観察するうちに地域の農業にも関心をもつようになったのだ。こういう私も体験農園で野菜をつくる人たちに魅せられて、自らも体験農園の利用者となったくちである。

都市の農家の人たちは、よく周囲の人たちから「広い土地があってうらやましいですね」といわれるという。「昔は嫌みかなと思ったけれど、今ではこの環境が好まれているんだと素直に受け取れるようになりました」という農家の声も最近では聞かれるようになった。

■都会で農的な生活を

一九九〇年代、いわゆる田舎暮らしがブームになっていたころである。私は雑誌の仕事で都会から長野や和歌山などに移り住んだ人たちを訪ね、その暮らしぶりを取材していた。なかには、その土地で農業をやろうというつわものもいたが、多くは陶芸家や作家、カメラマンなど自由業といわれる人、あるいは定年後をゆったりと田舎で暮らしたいという人だった。

私も心のどこかで田舎暮らしにあこがれてはいた。友人の一人は、二〇年ほど前に新潟に移り住み、米づくりで生計を立てている。十分に忙しいのだけれど、農作物が成長する速度にあわせて暮らす日々は、都会暮らしの私にはぜいたくにさえ映る。しかし、私には住み慣れた東京を離れて地方で生活するという勇気はなかった。仕事や趣味、友達や家族など私のライフスタイルはすべて東京仕様なのである。だから、できれば都会に住みながら、農的な生活も享受したいというのが本心であった。

東京小平市にある「小平市のふるさと村」。古民家の隣にはミニ田んぼがある。

ところが、ここへきて、それが可能な気がしてきた。東京にもまだまだ農地が残っている。ようやく、そのことに気づいたのだ。周囲を見渡せば、農家の野菜の直売もあるし、農業体験農園もある。

人々の都市農業に向けるまなざしの変化の要因は、たぶん、このあたりにあるのではないか。そして、その都市農業に対するまなざしは、ある種の文明批判なのかもしれないとも思う。都市にいながら農的な生活も楽しむ。これは、言われるまでもなく、ちょっとずるい。〝いいとこどり〟である。しかし、「いいとこどりで何が悪い！」というのが、今の私の正直な気持ちなのである。

東京・三鷹発。都市農業の流儀

武蔵野市、三鷹市、小金井市、国分寺市、小平市にまたがるJA東京むさしは、露地野菜をはじめ果樹、花、庭園樹を生産・出荷。地域に農産物と緑を提供している。そのなかでも注目されているのが三鷹地区青壮年部の活動だ。農産物をJAの直販センターや直売所で販売するだけでなく、都市農業をアピールするために年二回、JR三鷹駅前にテントを張り、市民に旬の野菜を安価で提供する。一一月の三鷹地区農業祭のパフォーマンスも半端ではない。一夜にしてキャベツを積み上げ、駅前に四メートルの巨大ピラミッドを出現させたりする。このとき、無料配布される新鮮なキャベツも市民に大好評。

二〇〇五年には「地域循環・食育研究会」を発足。小学校などの給食調理残渣などから堆肥をつくる「エコ堆肥部会」、エコ堆肥でつくったエコ野菜を学校に納入する「学校給食部会」、これらと連動して食育活動を行なう「食育部会」が食育の輪を広げつつある。小学校で開催された「三鷹産野菜カレーの日」、子どもたちが農家の指導の下で野菜をつくる学校農園、収穫した大根を使った沢庵《たくあん》づくり、田んぼづくりから餅つきまで体験できる「コメコメ大作戦!!」など、食育のアイテムは盛りだくさん。小学生たちから募った「農のある風景画」を元につくった食育カレンダーは、三鷹地区の野菜の植え付けや収穫の時期、料理レシピなども記されたすぐれもの。

また、青壮年部の新人を対象とした農業塾も開催。月一回程度の開催だが、青壮年部のOBたちがみっちり二年間、新入部員に野菜をはじめ花や植木の栽培について教える。ここで学んだことが新しい試みにつながることも少なくない。都市農業の魅力を地域に広げ、そのノウハウを次世代の仲間たちに伝えていくこと――これが三鷹地区青壮年部の流儀だという。

第3章

農の力で地域をつなぐ

市役所のホームページには〝東京のへそ〟に当たると書いてあった。新宿へ出るならJR中央線でも京王線でも三〇分ほど。それなのに、ここ――日野市には水と緑が豊かにある。通勤・通学にはもちろん、住まうにはもってこいの街といえそうだ。土方歳三ら新撰組隊士の出身地としても知られるが、江戸時代は「多摩の米蔵」と呼ばれ、昭和四〇年代までは都内有数の穀倉地帯であった。一級河川の多摩川と浅川に挟まれた街には今も用水路が残る。かつては家の裏口から水路に降りて野菜を洗う風景も見られたという。都市化のため、現在、農地として残っているのは総面積(二七・五三平方キロメートル)のわずか一〇%足らず。農業従事者は約一七万八〇〇〇人のうちの一%弱だ。農地は急激な宅地化を物語るように住宅と隣り合う形で点在している。

この地で代々農業を営んできたという小林和男さんは、今まさに都市農業を実践している。農業と地域をテーマにお話をうかがった。小林さんは一九五六(昭和三一)年生まれ。現在、妻と大学生の息子と三人暮らしである。

農から農へのUターン

――小林さんは農家の跡取りですね。

そう。代々、日野の百姓です。小林家の墓石を見ると、一六〇〇年代くらいまではたどれますよ。祖父は僕に家業を継がせようとしていたから、僕は本当に小さなころから親父たちと畑に行っていますね。僕には姉と妹が一人ずついるんだけれど、この二人はなぜか草むしりもさせられなかったみたい。

うちは、もとは桑と米をつくっていたんだけれど、戦前にはすでに野菜農家だったと聞いています。昭和三〇年代、ここらはスイカの産地だったから、子どものころは、よくスイカ磨きをやらされました。友達のところに遊びに行きたいのにスイカを磨かなくちゃいけない。それがいやでしたね。だから、今でもスイカは嫌いな食べ物のひとつになっています（笑）。

実は親父は一度も家を継げって言わなかったんですよ。祖父は「大学なんかに行かせると家を継がなくなるから」と言ってたみたいですが、僕は祖父とも仲がよかったから最初は農学部に行こうと思ってました。そしたら、親父はある意味で先見の明があったのか、「これからは農業の時代じ

「子どもたちと遊ぶのが大好き」という小林和男さん。小学生に囲まれて。

ゃない」「好きなことやっていいぞ」って。それで四年間、遊ばせてもらうつもりで、大学では教育学を専攻しました。

小林さんは中学校の社会の先生の影響で考古学のおもしろさに目覚めていた。ここらの田畑からは縄文時代の土器が出土するのだ。だから、大学に入ってからも発掘調査に参加していた。本格的に考古学をやってみたい、という気持ちも少なからずあった。小林さんは郷土史にも関心があるというが、農業も考古学もその土地と向き合うことから始まるわけである。

――大学卒業後、そのまま農業を継いだのですか。

卒業間際、親父が耕耘機《こううんき》でけがをしたことなんかもあって、「よし、じゃあ、オレが……」っていう感じかな。昭和五〇年代前半のことだから、都市部で農家を継ごうなんていう若者は本当に珍しい。だから、周囲を見回しても同年代の仲間なんてみつからない。週末だからといって農作業を休むわけにもいかないから、学生時代の友達ともだんだん疎遠になっちゃう。これが一番、つらかったね。

そんなとき、親父が「ここで好きなものをつくってみろ」と、七アールくらい畑をオレの自由にさせてくれたのよ。それで、僕は親父のやってない新しいことをやろうと、考えた。後で知ったんだけれど、親父も爺様《じいさま》から同じこと言われて一反（約一〇アール）の畑にナスを植えたらしい。爺

自分の代で始めたリンゴ栽培。
“玉おとし”（摘果作業）も慣れたもの。

様に「ナスばかりそんなにつくって、どうすんだ」と呆れられたって（笑）。僕？　僕はそこにリンゴを植えることにした。リンゴは、この地域では初めての試みじゃないかな。だけど、長野や山梨などの産地ものが市場に出る前に出せば、必ず売れると思った。

新たな試みは成功。小林さんの思惑どおり、リンゴは売れた。「農業も意外とおもしろい」「やり方次第だな」と小林さんは思ったそうだが、今思えば、これは父親の思惑どおりだったかもしれない。今、このリンゴ畑は地元の小学校の特別支援学級の子どもたちの体験学習にも使われている。子どもたちは定期的にリンゴ畑を訪れ、小林さんの指導の下、摘果作業や収穫をする。小林さんは、そろそろ老木が目立ってきたこの畑に、プルーンやイチジク、ユズ、栗なども植えて、将来的には「カジュアル（果樹ある）農園」にするつもりだという。

――では、それからずっと野菜やリンゴをつくってきたわけですね。

いやぁ、それがね。七年目に親父とけんかして家を出ちゃったのよ。決して仕事がいやになったわけではなくて……。理由はうまく説明できないんだけど、かっこよくいえば、一度、農業って産業を外から見てみたかったのかもしれない。年貢を納めるために、もう一度、ここらでけりをつけておきたかったということなのかなあ。

二九歳のときのことである。徐々に畑仕事を覚えてくると、親たちのやり方が腑《ふ》に落ちないこともある。父親が危惧《きぐ》していたように改めて農業の行く末を考えると、やはり不安にもなった。そうなると、よけいに考古学に対する未練が頭を持ち上げてくる。それから一〇年間、小林さんは考古学の発掘調査員として働いた。発掘だけでなく、データを整理し、論文も書いた。結婚して、父親になったのも、この間のことである。

――でも、また農業に戻ったわけですね。何かきっかけでもあったのですか。

一〇年間、他所で飯を食ってみて、いろんなものが見えてきたんだと思いますね。それまでは、確かにつらい部分もあったけれど、家族の中にいたわけだから、まあ、甘えてもいたと思う。考古学の方では後進も育てたし、戻るなら今かなあ、と。ふつうは親が動けなくなって、仕方なく（農家を）継ぐケースが多いんだけど、オレは四〇歳でけりをつけようと思った。農業がきらいではなかった、というのが一番大きかったんじゃないかな。

小林さんは農業を再開した。父親がしたように息子を連れて畑に行く。勤め人の家庭で育った妻が農業研修に通うと言い出したときはうれしかった。ただし、収入はそれまでの三分の一以下だ。「こんなはずじゃなかった」と何度も思った。現金収入を得るために妻もパートに出た。しかし、小林さんにはゼロから農業を始めようという決意があった。農業の可能性が見える気がしたからだ。いったん農業を離れて、再び農業に戻ってきた小林さんは「本当のUターンっていうのは僕みたいなヤツのことをいうんだよ」とすまして言う。

きっかけは学校給食

――Uターン後、小林さんの農業に対する意識は変わりましたか。

自分ではあまり意識していないけれど、変わったんじゃないかな。ずっと同じ場所で同じように農業をやっている人は世間知らずというか周囲に目を向けようとしない。また、途中から農業に従事した、いわゆるIターン組は合理性や能率を追求するあまり昔からの風習とか慣例などを後回しにしがちな気がしますね。

たとえば、少し前までは都市にある田んぼや畑って正直、周囲の人たちからいやがられていたと思います。風が吹けば土埃が飛ぶし、雨が降ればどろどろ。肥料は臭いし、農薬は体に悪い……。本当はこの地域では僕ら農家が先住民なんだけれど、なぜか僕らは周囲に遠慮があった。でも、これも考え方ひとつ。再び農業を始めてからは、「そうか、周囲に農業を理

日野産野菜の給食はやっぱりおいしい。残さず食べてご馳走様でした。

解してもらえばいいんだ」って考えられるようになっていました。農業の味方になってもらおうと発想を変えたら、不思議なことにやる気も出てきたんだよね。日野には農地が残っていて、そこには少なからず農業に興味をもっている人たちがいる。それを結びつければいいわけでしょ。

小林さんは自分の畑から地域に向けてさまざまなことを発信したいと思った。自分たちの農業をＰＲすることで、農業はより楽しく、より元気になる。それは農業者たちのやりがいにもつながるはずだ。

――「少なからず農業に興味がある人たち」というのは？

実は当時、日野市は全国に先駆けて学校給食の食材に地元野菜を使っていて、農家と学校はかなり親しい関係にありました。このきっかけをつくったのは、一人の学校栄養士さんなんだけれど、子どもたちに食べ物と地域農業の大切さを知ってほしいというのが始まりだったんです。すでに各学校の職員たち、特に栄養士さんと契約農家には日常的な交流がありました。子どもたちも給食で食べる地元野菜に関心をもち始めていた。だから、この絆《きずな》をもっと太くすれば、まず子どもたちが、そして大人たちが農業を理解し、農業の味方になってくれるのではないかと考えたのです。

日野市が学校給食に地場産の野菜を食材として採り入れたのは一九八三（昭和五八）年度からだ。小林さんのいう「学校栄養士さん」とは当時、日

都市農家の長男の憂鬱？

岡田裕一さんと板橋俊寛さんの家は東京・三鷹市で代々農業を営んできた。ブロッコリーやカリフラワーなどの野菜が中心だが、板橋さんはキウイやブルーベリーも手掛ける。ともに四〇代。父親でもある。

岡田さんは、小学生の時にＮＨＫ『明るい農村』の取材を受け、「農家に生まれたので、僕は農業をやります」と言ってしまったのが将来を決定づけた。「貧乏なのに、なぜ農業を続けるのだろう」と、子ども心に不思議だったというが、まだ親の代であった八年前までは専業農家としてがんばってきた。板橋さんは一度、他所で働いたが、「家やお墓を守り継ぐような感覚」で跡を継いだ。

農業を続けるか否かのポイントは、やはり相続。「人生の仕切り直しなので真剣に悩んだ」という岡田さんは地域でいっしょにがんばってきた仲間がいたから、「続ける」ことを選択したと当時を振り返る。「何代もかけて築き上げてきた地域のつながりもあるはず」と板橋さん。

最近ではＪＡ青壮年部（42ページ参照）の活動を通じて都市農業は消費者にとってもメリットは大きいと思えるようになってきた。地元野菜のファンもでき、地域の食の一端を支えているという自負ももてるようになった。都市農業が見直されることで、地方の、日本の農業が活性化すればいいと二人は考える。

日本の農業はきびしい状況にあるが、やり方しだい。まだまだやりくりは、できそうだ。それぞれの農家のノウハウを互いに交換し、他の業界を見てきたUターン農業者の考えも取り入れる。練馬区などで成功している農業体験農園の後追いをするだけではなく、もっといい形があるのではないかと現在、模索中だという。「これ以上、（相続で）農地がなくなったら、もう続けられないですよ」と言いながら、二人は都市農業の未来をしっかり見据えている。

野市立東光寺小学校で栄養士をしていた斎藤好江さん。給食で野菜の食べ残しが多いのが気になっていた矢先に学校の通学路にある農家から「子どもたちに畑を荒らされた」という苦情が舞い込んだ。斎藤さんは、このことから都市部の子どもたちと地域産業のひとつである農業に大きな隔たりがあることを思い知らされた。

そこで、斎藤さんは地元野菜を給食に使うことを思い立ち、すぐに市役所の産業振興課に相談した。そして給食に少しずつ地元野菜が登場することになる。毎日、発行される「給食つうしん」には食材の豆知識や野菜を納めてくれる農家の紹介を写真入りで掲載。子どもたちの野菜嫌いも減り、畑で遊び回る不届き者もいなくなった。

現在、日野市には三七〇軒ほどの農家があるが、その一割程度が小学校一七校、中学校八校に野菜を納めている。もちろん小林さんもそのうちの一軒。現在、日野市の学校給食における地場産野菜利用率は平均二四・七％（二〇〇九年度調べ）である。

■地域ぐるみの学童農園

——農業を理解してもらうために小林さんは、どんなことを始めたので

地産地消に取り組む日野市の学校給食。「給食展」では講演もこなす。

すか。

まず、考えたのは子どもたちに僕ら農業者が直接、野菜や農業について教えること。学童農園ですね。そのころ、給食をきっかけに社会や理科の授業でも子どもたちが僕らのところに来るようになってたんですよ。「日野の農業」とか「野菜のできるまで」とかテーマを掲げて。夏休みの自由課題で日野特産の東光寺大根を取り上げる子も出てきた。これは、脈があるなってうれしかった。

学童農園は地元農家の畑の一部を開放し、一年生から六年生まで学年毎にサツモイモや苗物、陸稲《おかぼ》などをそれぞれ栽培してもらう。僕は子どもたちが初めて畑に来たときには必ず「みなさんには一年間、農家になってもらいます」とプレッシャーをかける（笑）。子どもたちには種蒔きと収穫だけでなく、その間の畑の管理も体験してほしい。芋掘りだって完成形の芋を掘るだけじゃ、プロセスはまったくわからないでしょ。子どもたちはジャガイモの花を初めて見て「こんなにきれいなんだ」って感激してますよ。

小林さんは地元の農協（JA東京みなみ）青壮年部の仲間たちといっしょに学童農園の指導を始めた。たまたま、市の産業振興課と教育委員会が夏休みに開催した「学校給食展」で出会った栄養士たちとの話の中で、子どもたちに古代米が人気だということを知った。古代米というのは玄米の種皮に赤や黒の色をもつ稲で、これを五～一〇％ほど混ぜてご飯をたくとお赤飯のようにほんのり赤くなる。これまで給食に使用していたのは九州産だ。それで、二〇〇一年からは古代米と、やはり九九・七％が輸入ものだといわれる金ゴマも栄養士たちの要望に応えて学童農園でつくることになった。

――学童農園で子どもたちは実際にどんなことをやるのですか。

僕は、子どもたちに農業は楽しいだけじゃなくて大変なんだということを知ってほしいと思っています。大変さがあるから楽しさがより大きくなる。三年生の金ゴマ栽培は手間がかかるけれど、だから輸入に頼ってしまうのだということもわかる。

五年生の古代米（栽培）ではそれこそ一年間、稲の生長を見守ってもらう。子どもたちは稲床に籾《もみ》を蒔くところから始めます。田植え、草取り、稲刈り、脱穀までやるのですが、代掻《しろか》きの後の田んぼではどろんこ遊びをし、稲が実るころには案山子《かかし》づくりもやります。足踏み式の脱穀機も体験してもらい、昔の米づくりの大変さも身をもって知ってもらいます（笑）。田植えや掛け干しなどは市の産業振興課の職員や保護者たちも参加。縄をなってつくる草履《ぞうり》の指導は大先輩の地域の〝長老〟にお願いしています。土器を用いてご飯を炊いたり、餅つきもしますよ。

代掻き後の田んぼで開催されるどろんこ遊びは「子どもってこんな顔す

るんだ」というくらい発見が多いという。泥田に服のままで入るわけだから、最初はみんな躊躇《ちゅうちょ》するが、いったん入ってしまえば、後は野となれ山となれ。「気持ち悪い」「きったない」などと言っていた子どもたちが泥だらけになって遊び回る。この日、子どもたちといっしょに泥遊びをするためにわざわざ水着を持参する教師もいる。残念なことに、この田んぼは区画整理のために使えなくなってしまった。が、保護者たちの強い要望により、今、新たな候補地を探している最中だ。泥まみれの子どもたちを「こんなに汚しちゃって」などと言わずに笑顔で受け止めてくれ、「これからも子どもたちにこういう体験をさせたい」という保護者たちの広い心にも頭が下がる。

〝見せる農業〟から〝魅せる農業〟へ

——子どもたちに農作業を教えるのは大変じゃないですか。

教室で話をする時は、眠っているヤツもいるよ（笑）。まず、注目させること。そして、興味をもたせる……っていっても、本当は大変。子どもはなかなか理解してくれないんだと、こちらが理解することが大事ですね。いや、これは大人でも同じです。農家の日常を理解できていないわけだから、どう動いていいか、何をしていいかわからないのは当然。そういえば、

代掻き後に行なわれる“どろんこ遊び”は米づくりのビッグイベント。

ボランティアが野菜の袋詰めを手伝ってくれたことがあるんだけれど、チンゲンサイをマルって（土を払ってきれいして）三つずつ束ねてたのよね。それで、最後に二つ余ったので、「畑から一株持ってきて」って頼んだら、なかなか戻ってこない。やっと戻ってきたと思ったら、手にカブを一つ持っていたなんてこともありました。「畑からチンゲンサイをひとつ持ってきて」って言えばよかったんだよね（笑）。

それから、作物は思いどおりには育たない。時には失敗もある。子どもたちはがっかり、先生も焦っちゃうみたいだけどね。毎年、四年生がつくる平山陸稲はこの地域の伝統的な稲なんだけれど、実りが悪くて、来年分の種子しか残せないこともある。ネットを張らなかったせいでスズメに食べられてしまった年もあった。せっかくつくったのに味をみることもできない。そんな時、僕は「君たちはこの伝統の稲を次世代につなげているんだよ」って説明する。たくさん穫れるかどうかは二の次。つなげることができれば、上等。あとは、どうしてできなかったか、それを考えることが大事なんだ。子どもたちは、それを理解してくれていると思います。だから、失敗も悪くないよね。

学童農園をやって、よかったと思うことはたくさんありますよ。卒業生が農業高校に進んで、わざわざ僕のところに「古代米の苗をわけてください」ってやってきたり、「農業って楽しい」とか「おっちゃん、野菜っておいしいね」と言ってくれる子も少なくないですね。そういった子どもたちが大人の意識も変えてくれます。

学童農園は「種蒔きが大変だが、実りも多い」と小林さんはいう。子どもたちのためには教師も栄養士も保護者も地域の大人たちもできる限りの協力をしてくれる。

――地域の中に確実に農業を理解してくれる人が増えていますね。

それは、僕も実感しています。二〇〇四年に始まった「日野大豆プロジェクト」も地域の協力があったからこそできた活動です。ご存じのように大豆は九五％が輸入です。遺伝子組み換えもあるけれど、これは安全かどうかわからない。もちろん日野産の大豆の生産量は統計上ゼロです。それなら、地元でつくってみようと……。南多摩農業改良普及センターにも協力してもらい、まず三種類、栽培してみて、この土地に適したものを探すというところから始めました。

僕ら農家は土地を提供して作業も手伝ったけれど、率先してやったのは学校給食にかかわる栄養士さんと調理員さん、消費者団体。それから地元にある実践女子短大の学生さん、市民ボランティアです。最初の年は一二八キロの収穫で、五つの小学校の給食に日野産大豆でつくった豆腐を出し

リンゴ畑も体験学習の場に提供。
子どもたちは摘果や収穫を体験する。

ました。これが、子どもたちに好評で、じゃあ、本格的にやろうということになったのです。収穫量は少しずつ増え、業者に頼んで納豆に加工するまでになりました。今の子どもたちは、納豆なんか食べないんじゃないかなと思っていましたが、これは大人の勝手な思い込み。「大粒でおいしい」「香りもいいよ」「麦ご飯に納豆は絶妙!」などという声も聞かれます。

実はこの大豆プロジェクトに参加した大人たちは「せっかくなら統計上の国内大豆の生産量をあげたい」と一トンをめざしてはりきった。農林水産省の統計は一トン単位だからである。二〇〇九年度の収穫量は、みごと一トンを超えた。統計上の数字に変化があったかどうかは定かではないが、市内のすべての小中学校の給食に日野産大豆の味噌汁、納豆、麻婆豆腐《まーぼーどうふ》などが出された。今では納豆は日野の学校給食の人気メニューのひとつになっている。

小林さんは自校方式の日野市の給食を「日本一おいしい」というが、事実、給食目当てで、わざわざ日野市に引っ越してくる家族もいるという。

――子どもたちの反応を目の当たりにすると、よりやる気が出てきますね。

そう、農業は楽しい。おもしろいね。子どもたちがついてきてくれたことで、すごく前向きになれました。いろいろ問題もあるし、つらいんだけど満足しています。消費者の反応も変わってきましたし……。以前は「ちょっと高いけれど安全だから」と国産や地場産の野菜を買い求める人が多

第22回給食展の試食会のメニューは、
夏野菜がたっぷり入った卵スープとピラフなど。

かったけれど、最近は少し違う。うちの直売のお客さんたちは「形はヘンでも味がいいからね」「新鮮でおいしい」と言ってくれます。野菜は見た目の形じゃないということが少しずつ浸透していますね。学校給食には極力、形がよくて大きさが揃っているものを納めるようにしていますが、時に虫がついていたりする。でも、日野の学校給食の調理員さんたちは、まったく動じない。「虫を取ればいいんだから大丈夫」と言ってくれます。これは農家からの地元野菜を三〇年近く扱ってきた日野の調理員さんだから言えることだと思います。

駅（京王線・高幡不動）前の直売所でうちの野菜をよく買ってくれる人がいてね。まったく笑わないお年寄りがうちのトマトを食べて「これ、おいしいね」とにっこり笑ったと、教会のシスターが喜んでいたことなんかをわざわざ知らせてくれる。こういうのが本当にうれしい。これまでは〝見せる農業〟が大切だと思っていたけれど、これからは〝魅せる農業〟にしなくちゃいけないと思っています。

小林さんのつくる野菜は八百屋《やおや》やスーパーでは買えない。トマトなど飲食店と契約して栽培しているものもあるが、後は学校給食用と直売である。わざわざ直売の野菜を買い求めに来る人は、すでに地元野菜に魅せられている人たちである。

■地域を巻き込んだ田園都市構想

――小林さんの考えるこれからの都市農業は？

都市農業で生きる方法はいろいろあると思う。少し前まで農業で食っていこうとすると、追われるように仕事をしなくちゃいけなかった。そこそこの収入を得るためにはくたくたになるまで働かないといけない。貧乏か疲労かという究極の選択ですね。それでいいのか、という気持ちはずっとありました。特に都市農業の場合、相続税が重くのしかかってくる。そして、その場面に直面して、はじめて農業を継ぐか否かを考える人が多い。日野市の農家の半数以上が畑と不動産で生計を立てているけれど、それが都市農業だと思われるのは、やっぱりいやだなあ……。やる気のある農家もいるんです。地域の中にやる気のある農家がどれだけいるかが問題ですけれどね。

これからの都市農業はやり方次第では、引く手あまたですよ。地元で穫れた農産物を地元に卸して循環させる。直売所では自分の野菜が真っ先に売れれば、もちろん、うれしいけれど、野菜の種類とか時期などについて仲間たちと話し合って計画的につくれば、もっとおいしいものをたくさん消費者に提供できる。日野産大豆のように地域の人たちにもボランティアとして参加してもらい、それをいっしょに味わってもらう手だってある。僕自身もがんばるけれど、仲間といっしょに日野の農業を盛り上げていけたら、やりがいはずっと大きくなるはずでしょ。地域の人にもっと応援してもらえる農業にしたいですね。

小林さんは昨年の夏から土を使わずに樽《たる》で育てるトマトにチャレンジしている。甘くておいしいトマトは直売所で売るほかレストラン、ケーキ店、パン屋などで用いられているが、小林さんのところで穫れない時期は、同じく樽トマトをつくっている仲間の畑でつくってもらう。何人かで計画的に栽培すれば、品薄も防げるわけである。

――ベテランとして後進の指導もしているのですか。

七〇歳を過ぎても現役で、僕らをリードしてくれる先輩もいます。地域を盛り上げるには、上から教えてもらったことや覚えたことを下の世代に伝えなくては……。うちの地域は若い人も増えてきているんですよ。二〇代もいるし、三〇～四〇代になって（他の職業から）家業の農業に戻ってくる人もいます。僕はへそまがりだから、他人のやっていないことばかりやってきたけれど、そこで得た知識や技術は周囲に伝えていきたい。できれば、「これは小林に聞けばわかる」と言われるくらいの達人になりたいね。

小林さん自慢の樽トマト。ビニールハウスで温度を管理することで長期間の収穫が可能になる。

小林さんは、主にチンゲンサイやシュンギク、コマツナなどをつくる、いわゆる〝葉もの屋〟である。が、得意なのはカブとニンジン。どちらも東京都や日野市の農業祭で何度も表彰されるほどの腕前だ。ジャガイモの後にニンジンをつくれば〝肥料っけ〟が残っていていいものが穫れる。種蒔きの時期はその年の天候を読むというが、これは父親や祖父といっしょに農作業をしてきたなかで身についたものだ。日照りの夏は早めに蒔く。雨の多いときは畑の畝を高くするなど、考えなくとも体が自然に動く。こういった秘訣《ひけつ》も惜し気なく後輩たちに教えているという。

——小林さんがこの地域でこれからやりたいことは？

今年度から地域の人たちを対象とした農業体験農園をオープンさせます。体験農園を知ってもらうための説明会では、まず畑でサツマイモを掘ってもらいました。畑を見てほしかったし、土の感触を知ってほしかったんだよね。まったく農業を知らない人にも楽しさと大変さがわかるものにしたい。体験農園は園主の指導の下、みんなが同じものをつくるというのが原則だけれど、僕は二年目からは希望があれば二割くらいは自由にチャレンジしてもらってもいいかなあと思っています。栽培計画にはゴマも入っているんだけれど、子どもたちに助っ人を頼もうかと考えています。子どもたちは小学三年生のときに学童農園でゴマをつくっているから、しっかり指導できる。「子どもが先生」というのもおもしろいでしょ。

実は京王線の電車から見える線路沿いの畑に毎年、春は菜の花、夏はソバなどを植えているんです。蒔き方を工夫して国旗や数字、文字なんかに見えるようにしているんですが、いろいろと反響がある。僕の畑だとわかると、「楽しませてもらってます」「いい環境をありがとうございます」と言われる。写真を撮る人も多い。これはお金にはならないけれど、うれしいですね。「やった！」って感じ。それと同じように体験農園で作業をしている利用者たちを見て、地域の人たちがさらに農業に関心をもってくれるのではないかと期待しています。ちょっと手前みそですが、今、僕らがやっていることすべてが地域を巻き込んだ田園都市構想ですね。

小林さんの「コバサン農園」は三〇区画でスタート。「石坂ファームハウス」との合同入園説明会は家族連れも多く見られ、利用者の期待感の大きさがうかがえた。「野菜づくりは初めてです」「今からわくわくしてます」と緊張ぎみにいう利用者に、小林さんは「私も毎年、一年生です」と、挨拶。これで日野市の農業体験農園は三つになったわけだが、「三つの農園が連携することで新たな可能性が生まれるはず」と小林さん。思いはすでに膨らんでいた。

ちなみに誰が言い出したのかは不明だが、小林さんは日野の〝食育大魔王〟と呼ばれている。

「コバサン農園」の申し込み手続き。
ＪＡや市役所の職員も休日返上でお手伝い。

農家の息子として農業を後押ししたい

「小・中学生のころは、農業も農家も大嫌いでした」という小林紀之さんは農家（実は小林和男さん）の一人息子である。平成元年生まれ。社会科学を学ぶ大学生だ。ただ今、〝就活〟中。

小学校の授業で産業について習ったとき、先生が「小林君のお父さんは第一次産業だよね」と何げなく言った。親が自営業だという人はほかにもいたが、医者や弁護士やプロ野球選手。「やっぱり同じ自営業とはいえないと思った」と紀之さん。それで、親の職業を秘密にしていた時期もあった。今、「農業を継ぐか」と問われれば、答えは絶対に「ノー」である。

しかし、自分の将来を考えるときには、自分の生まれ育った多摩地域や日野市を思い起こさずにはいられない。ほどよく自然が残っている、落ち着いた土地柄が好きだ。だから、できれば、地域に根差した企業、あるいは農業を後押しできるような仕事に就きたいと思っている。「家の仕事はあまり手伝わない」と言いながらも紀之さんはニンジンの収穫と荷造りは得意だという。

「（刃物で）葉を切り取るとき、スパッと切れると、ニンジンの頭がくるんとカーブを描く。うまくいくと、野球でヒットを打ったときのように気持ちがいいのです。単純な話ですが……」

紀之さんは農業の楽しさも知っている。もう農家の息子がいやだとは思わない。逆に就活では「有利かな」とも思うとか。そこで、面接のつもりで簡潔に都市農業について語ってもらう。やはり、説得力がある。

「都市農業は必要です。後継者問題も課題ですが、定年退職者はまだまだ元気ですから、農作業が好きな高齢者が参加できるシステムをつくるといい。僕自身もそういう年齢になったら参加します。それと、農業をいかに稼げる産業にするかも今後の課題ですね」

第2部

「農」を街につくる

第１章

「都市農」の可能性

1　人を育み和ます「都市農」の力

(1)「農業体験農園」の体験

◆〝地域デビュー〟は農園で

埼玉県所沢市にある「ふれあい農園」は、平井喜代志さんがＪＡ*いるま野と連携して主宰する農業体験農園*である。二〇一一（平成二三）年春に七年目を迎えたが、私は開園から利用し、翌年からは「ふれあい農園日記」と題したブログを開設、野菜の生育状況やイベントの報告などを農園仲間に知らせている。週末には必ず農園に出掛け、農作業や仲間とのふれあいを楽しんでいる。ヨトウムシが発生したときなど、退治に適した夜を待って行ったこともある。畑のあちこちに懐中電灯の光がチラチラしていて妙に嬉しかったことを思い出す。

　農業体験農園のいちばんの特徴は、農園を開いている農家自身が栽培指導をしてくれること。農具や野菜の種、苗などもすべて準備のうえ、週末には説明会を開催、作業の仕方などを具体的に教えてくれる。分からないことは

＊ＪＡ
農業協同組合（農協）のこと。英訳［Japan Agricultural Cooperative］から一九九一（平成三）年に愛称として使用することが定められた。農協は一九四七（昭和二二）年の設立。

＊農業体験農園
農家（園主）が種・苗・農具などを用意して講習会を開催、利用者は作付けから収穫まで体験する農園。農家が開設・経営・管理するのが特徴。一九九六（平成八）年に練馬区で開園され、その後、東京都内、さらに全国の農家が相次いで開園。二〇一〇（平成二二）年四月には、園主たちが「ＮＰＯ法人全国農業体験農園協会」を設立。

巡回してくれる農家に聞いたり、隣の利用者に聞いたりして作業を進めることから、自然と知り合いが増えてくる。利用者もほとんどは農園の近くに住むから、駅や道で出会うことも稀《まれ》ではない。

ふれあい農園でも、新しく利用者になった男性が、「〝地域デビュー〟しました」と挨拶することが多い。サラリーマン男性は地域とのつながりが希薄だから、定年退職すると行き場がなくなってしまう。そこで〝公園デビュー〟ならぬ〝農園デビュー〟しているケースが案外多いのである。

ふれあい農園が生まれたきっかけは、川柳の一句だった。

粗大ごみ朝出したのに夜帰る

一〇年ほど前、仕事で札幌市社会福祉協議会の方の話を聞く機会があった。そのなかで紹介された川柳だが、ずしんと胸にきた。〝ああ自分もこのままでは粗大ごみになるな〟と思った次第である。定年まであと一〇年ちょっと、これといった趣味もなく、住んでいる地域に全く知り合いがいないことに改めて気づかされた。これでは老後はとてもやっていけない。帰ってこないほうがいい定年亭主＝粗大ごみにならないためにはどうしたらいいか。そうだ、農園で野菜をつくろう。

粗大ごみ帰ってくれば野菜連れ

朝《あした》に家を出て畑で農作業をして、夕べには新鮮な野菜を持ち帰る。それしかないと思った。私は、学校を卒業して以来全国農業協同組合中央会*という団体で働いてきた。だから、農業に関する情報は少しは知ることができた。農業体験農園という都市型の新しい市民農園*ができていることも知っていた。しかし、実家が農家でない私は、農作業経験はゼロに等しかった。農業体験農園こそ私にぴったりだと思った。

そこで、地元のＪＡいるま野所沢事業部の知り合いに、この地域で農業体験農園ができないかと相談を持ちかけた。そして二〜三年がかりで運よく、昔は庄屋だった地主の平井さんが自分の畑でやってみようということになった。場所は最寄りの駅から十数分のところで、すぐ隣は市街化区域で住宅街、面積は約五〇〇〇平方メートル。二〇〇五（平成一七）年の二月、園主となる平井さんは、ＪＡ職員と一緒に東京都練馬区にある加藤義松さんの農業体験農園*を見学し、開園を決めた。

◆ＪＡとの連携で順調な農園運営

開園初年度は一六区画を用意、ＪＡが農園の近隣の住宅にチラシを配布して利用者を募集した。利用料は年間三万一五〇〇円、一区画の面積は五〇平方メートルで、先行する一般的な農業体験農園の三〇平方メートルに比べて広いのが特徴である。

＊全国農業協同組合中央会
一九五四（昭和二九）年に農協グループの総合指導機関として設立。その役割は、全国の農協および農協連合会の運営に関する共通の方針の確立とその普及徹底を図ること。この目的のため、都道府県中央会とともに、全国の農協・連合会の指導、情報提供、監査、農業政策への意思反映、広報、組合員・役職員の人材育成を行なう。略称、ＪＡ全中。

＊市民農園
１０８ページ参照。

＊加藤義松さんの農業体験農園
全国で初めての農業体験農園、練馬区にある「緑と農の体験塾」。開設者の加藤さんは現在「ＮＰＯ法人全国農業体験農園協会」理事長、「ＮＰＯ法人畑の教室」副理事長。

園主の平井さんが農園のパイプハウスをブルーシートで覆って仮設小屋をつくり、そこが農具や肥料さらに各自の作業用のバケツ等の農具置き場となった。農園の名前は、ＪＡの当時の担当部署がふれあい課であり、そのコンセプトもいいので「ふれあい農園」となった。正式には、ふれあい農園の「平井農園」だ。あとに続くＪＡいるま野連携の農園も、こんな名称になるだろうが、残念ながらまだ新しい農園はできてはいない。

さて、ＪＡがチラシを地域に配布、応募状況が気になったが、めでたく一六区画が埋まった。契約期間は四月一日～翌年の二月末、毎年一月に募集し、三月にＪＡの支店に利用希望者が集まり、利用契約を締結し、全員が自己紹介をして、ＪＡの担当者と園主の平井さんからの説明を受けてスタート。できるだけ農薬を使わないようにしましょうという申し合わせもする。利用者は全員ＪＡの准組合員*になり、鍬《くわ》、鋤簾《じょれん》（草かき）はＪＡから購入（所有している場合は持参）、種、苗、肥料等は利用者の共同購入で、ＪＡの口座から定期的に引き落としという具合。要するにＪＡの役割は、利用者の募集・契約管理、利用料金の口座引き落としといった各種の支援である。

契約は継続もでき、継続する人がほとんど。区画も、二年目には二五、三～四年目が五一、五～七年目は五二と増やしてきた。いまでは、農具小屋の隣に鍋や包丁、皿などの調理道具などを置けるスペースも確保されている。

＊准組合員
農協法で組合員資格を持つ者は、正組合員となる農業者（農民と農業経営法人）と、准組合員となる非農業者とが定められている。准組合員は主にＪＡ事業を利用する地域住民。准組合員はＪＡの運営に関与できない。准組合員制度は、生活協同組合にはない。

◆充実の講習会と多彩なイベント

講習会は土曜日の午前九時から、まず平井さんが用意の資料を渡して説明、ついで実際に鍬などを使って作業の仕方を示す。それを各自が自分の区画で行なうというもの。講習会は期間中の一年に二三回程度開催、平井さんと夫人で副園主の芳枝さんが区画を回って、それぞれに「こうしたほうがいいよ」と親切に指導してくれる。利用者がそろって感じるのは、農家の持つ技術や知恵がいかに豊富かということだ。芳枝さんの料理もさすがで、「大きくなりすぎたお化けキュウリはきゅうちゃん漬け*にしたらおいしいわ」と家でつくって持参、農園でご馳走になったりもする。

講習会とは別に、いろんなイベントを年一〇回ほど行なっている。七月の収穫祭、秋の芋煮会とお月見会、暮れの餅つき大会、その他に手打ちうどんづくりや地元のウォーキング、落ち葉掃きで集めた落ち葉での堆肥《たいひ》づくりなど実に多彩、御嶽《みたけ》神社の豊作祈願*は泊まり込みだ。イベント参加は自由だが、利用者の家族も集まって、皆でわいわい楽しんでいる。また、ゴルフ部があり、年二回コンペを行なっている。ちなみに、イベントのとき必要になるテントや調理道具、臼《うす》・杵《きね》などはＪＡから借りることができ、とてもありがたい。

講習会ばかりでなく、野菜の世話や収穫のために利用者は畑に通う。毎日

＊きゅうちゃん漬け
沸騰させた湯にきゅうりを漬けてしならせてからつくる漬物。醤油、味醂、酢、昆布、鷹の爪、生姜等を入れた熱湯に漬けて仕上げる。

＊御嶽神社の豊作祈願
東京都青梅市にある武蔵御嶽神社は、紀元前九〇年に創建されたと伝えられる古社。江戸時代から農耕の神様として崇敬《すうけい》されており、関東各地の農家等が講をつくり、豊作祈願する。毎年正月にはその年の農作物の作柄の占いを行なう。

のように農作業にやってくる利用者もいる。顔を合わせると井戸端談義が始まり、野菜の出来具合や調理法、あるいはイベントの企画など、たわいのないことをお喋《しゃべ》りしている。

私の仕事は農業体験農園推進にも関わるため、ふれあい農園一年目が終わるころ、利用者にアンケートをお願いした。結果、平均年齢五六歳、「野菜の栽培経験」は「なし」が八五％、「あり」は一五％であった。参加の動機は、「自然や土に親しみたい」「自分で野菜をつくって新鮮な美味しさを家族や友人と味わいたい」「農家の栽培指導があるから」「定年になって時間のゆとりができたから」「地域で人付き合いや人間関係をつくりたい」といったところだった。

◆どっさり採れた野菜の使い途

ふれあい農園では、五〇平方メートルの区画に四本の畝《うね》をつくり、いろいろな野菜を栽培している。二〇一〇年度を例にとると、ジャガイモ、里芋、ネギ、チンゲン菜、ミズナ、カブ、生姜《しょうが》、トウモロコシ、トマト、ミニトマト、ナス、キュウリ、ピーマン、ニンジン、白菜、青首・おふくろ大根、ほうれん草、小松菜など。収穫数も半端ではない。たとえば、ネギ一〇〇本、トウモロコシ四〇本、白菜三〇個、大根四〇本といった具合である。栽培計画も、園主が畝を代えながら連作障害が起きないように注意して立てている。

収穫した野菜は、利用者だけでは食べきれないので、御近所にお裾分《すそわ》けしたり、離れて暮らす親や子どもに送ったりしているようだ。私も御多分にもれず、御近所や職場に持って行ったりしている。私ではないが、夏野菜を御近所に届けたら、ヒラメになって帰ってきたという話もある。趣味の畑と釣りの物々交換となった次第だ。

農業体験農園では、年間に収穫した野菜をスーパーのチラシの値段で換算してみることがある。「ふれあい農園」の場合、一〇万円を超えていたという。利用料と肥料代などで年間約四万二〇〇〇円だから、二倍以上の収穫があるわけだ。農家の指導があるから、売り物に引けを取らない野菜がどっさり採れる。実際、ＪＡいるま野からは、利用者が食べきれない野菜を直売所に出荷しないかという話も出てきている。

また、千葉県松戸市の「古ヶ崎青空塾*」では、都市農業で起きやすい問題の解消にお裾分け野菜が貢献したという話を園主の渡辺郁夫さんから聞いた。ここは、すぐ近くを江戸川が流れており、堤防の手前に新興住宅街があり、その道路を挟《はさ》んで向かいに畑がある。もともと水が出るところで、畑も暗渠《あんきょ》を通して水はけに気をつけているが、時折、大雨が降ったとき、畑の土が住宅街に流れてしまう。農業体験農園を始める前はいつも苦情が出ていた

＊古ヶ崎青空塾
渡辺郁夫さんが、加藤さんの「緑と農の体験塾」を見学して、二〇〇六（平成一八）年に開園した農業体験農園。千葉県松戸駅から徒歩一五分の住宅街にある。

が、始めてからは住宅街に住んでいる利用者が野菜を配ることから、畑への親近感ができて苦情はなくなったという。

◆「都市農」効果を再認識

農業体験農園の特徴として、利用者のなかから協力者が出てくることが挙げられる。古ヶ崎青空塾の渡辺さんの話でも、以前は野菜と米づくりに追われていたが、いまでは利用者の利用料が入るだけでなく、皆が率先して作業を手伝ってくれるので、経営にゆとりが出てきたという。農園利用者の有志に協力してもらい、耕作放棄地を借りて農地に戻し、野菜をつくり農業生産を増やしてもいると聞いた。

ふれあい農園でも、現在、園主のサポートをする利用者が一〇名以上いて、農園の区画のロープ張りやマルチ張り、白菜の苗づくりのための種蒔きなどのお手伝いをしている。年々、園主である農家と利用者の距離が近いものになってきていることを感じており、開園のきっかけをつくった私は嬉しい限りだ。

利用者同士が親しくなるのも農業体験農園の特徴だが、私自身近所を歩いていても利用者と挨拶する機会が多い。ふれあい農園では、ときどき収穫した野菜を使って料理する五〇〇円会費の昼食会を開いている。そんな会のお喋りでも、利用者のことを知っていく。音楽大学声楽科の元教授や中学校の元校長先生、警視庁の警官や都庁職員のＯＢや現役の東京都の消防署長がいたり、民間企業の定年退職者は大勢いる。だが、利用者同士の関係は、仕事とは違って肩書きのない対等な立場だ。また、特技を持った利用者が、農園の看板や休憩所の椅子づくり、堆肥置き場の修理などを担ってきた。手打ちうどんにしても、得意な利用者が申し出て、皆で手打ちうどんづくりを楽しんだのだった。たぶん都会では滅多に味わえない交流が自然と生まれている。

　小さな子どものいる利用者からは、農園でピーマンをつくって子どもが自分で収穫するようになってから、嫌いだったピーマンも食べられるようになったという話も聞いた。実際、農業体験農園が食育*の場、食農教育*の場にもなっているのである。仕事では何度も耳にしたことだが、農園仲間の言葉は心に響いた。

　また、利用者のなかから、会社を辞めて本格的に農業を始めたいという人が出てきた。彼はいま、所沢市がＪＡに委託している新規就農者育成事業の一環でＪＡの臨時職員となり、地域の専業農家で研修を受けている。研修期間終了後には農業に就く予定で、すでに農地を借りて研修の合間に野菜づくりを始め、自宅の近くで農産物の直売所を開設している。

　ふれあい農園のお陰で、地域社会における私の居場所は確保できたように

＊食育
心身の健康の基本となる、食生活に関するさまざまな教育（『大辞林』）。二〇〇五（平成一七）年に制定された食育基本法が制定されたことで一般に知られるようになった言葉。同法では、食育を〈生きる上での基本であって、知育、徳育及び体育の基礎となるべきもの〉と位置づけ、〈様々な経験を通じて「食」に関する知識と「食」を選択する力を習得し、健全な食生活を実践することができる人間を育てる〉とした。

＊食農教育
食教育または食育に〝農〟を加えた造語。農家やJA等が米づくりや野菜栽培等を通じて子どもたちに農業や食べ物・命の大切さを知ってもらう活動として知られる。学校と連携した取り組みも多い。

思う。農業体験農園を体験して、これまで仕事で見聞してきた都市の農業・農地が生むさまざまなプラス効果を再認識している日々である。「農的暮らし」という言葉が、古くからある農業のイメージを肯定的にとらえたライフスタイルとして登場して久しい。都市の農業・農地が持つ総合的な力に言及するため、この冊子では「都市農」という言葉を使うことにする。

(2)さまざまな「都市農」の実践

◆子どもたちの農業体験

子どもたちに農業体験をしてもらおうという取り組みが、この一〇年ほどで全国に広がってきた。そんなグループのネットワーク「子どもファーム・ネット*」には、都市の活動グループもたくさん所属している。活動の主体は、保育園・幼稚園・小中学校、JA、市民グループなどいろいろある。学童農園の形で学校が農業を導入するケースは以前からあったが、総合的な学習の時間*が二〇〇〇（平成一二）年に設けられたことやJA青年部やJA女性部*の取り組みもいっそう広がったことから、バリエーションが増えていった。

たとえば、農業体験学習の積極的導入で知られる東京都北区にある神谷中学校の場合、周辺には農地がない。そこで、さいたま市の農家と連携、生徒たちはバスに乗って田畑に出向き、年間を通じて農作業を行なっている。川

＊子どもファーム・ネット
農業関係の全国団体が子どもの農業体験活動を行なうグループの応援や相互の交流を広げるためにつくった全国ネットワーク。参加グループの活動紹介、優れた活動の表彰などを実施。

＊総合的な学習の時間
文部科学省が学習指導要領を改定し、二〇〇〇（平成一二）年から段階的に実施。各学校が創意工夫して児童・生徒の自発性を尊重しながら内容を決める授業で、体験学習や生産活動、観察などを盛り込み従来の教科をまたがる。

＊JA青年部やJA女性部
JA青年部は全国の農業後継者（二〇～四五歳）でつくる組織。JA女性部は全国の農家の主婦等でつくる組織。ともに全国組織があり、日本農業の振興やJAへの参画・JA改革などに取り組む。各地の青年部、女性部では農業体験や環境保全、地産地消をテーマとした活動を展開中。

を渡ればすぐ田畑が広がっていることに着目したことが、生徒たちと農家を結んだ。

東京都稲城市の稲城第二小学校は、地域にある田を借りて農家を先生に、JA東京みなみ稲城地区の青壮年部も参加して本格的な米づくりを行なう。この学童農園はすでに二五年の歴史を持ち、〝田んぼの学校〟と自称するほど同小の特色になっている。生活科や社会科にも割り振って、各学年が通年参加できるようにした。

農業体験学習は、総合的な教育効果が期待できるという話を先生たちからよく聞く。農作業を通じて、自然を体感したり、命の大切さや食べることの意味を知ったり、仲間との協力を経験するなかで、教室ではなかなか得られないことを学べるという。働くことを実感できることから、キャリア教育*として農業体験を行なう小中学校や高校もある。

また、都市在住者の多くは農業未体験。子どもたちだけでなく、教師や保護者たちにも、新鮮な驚きがある。人と自然と社会のつながりを学ぶ貴重な体験になっている。

都市の農家が中心になって展開するユニークな活動も数多い。たとえば、「NPO法人畑の教室*」は、東京練馬区の農業体験農園の園主たちが中心になって二〇〇三（平成一五）年に立ち上げた団体。農業の多面的機能*を活用

＊キャリア教育
「児童生徒一人一人の勤労観、職業観を育てる教育」（キャリア教育の推進に関する総合的調査研究協力者会議報告書より）。フリーターやニートが社会問題化するなかで文部科学省が打ち出してきた進路指導の発展形。保育所や飲食店、企業等の職場体験を学校教育に組み込む。公文書としては一九九九（平成一一）年の中央教育審議会の答申で初めて使われた。近年、なかでも農業体験が注目されている。

＊NPO法人畑の教室
理事長は後述「大泉　風のがっこう」園主の白石好孝さん。

＊農業の多面的機能
88ページ参照。

して、地域づくりと人づくりを目指している。農業体験を授業に採り入れたい学校の〝助っ人〟になることも活動のひとつ。体験学習用の畑の提供、農業を語る特別講師の派遣、給食の食材供給などに取り組んでいる。

例を挙げれば、練馬大根をテーマに、子どもたちに種蒔きから間引き、収穫を体験させる。大根には自分の名札を付け、成長の過程で絵を描き、収穫時には家族もいっしょに来て収穫してもらう。また、教室と大根畑をインターネットでつないで生徒の質問に答える授業を試みてもいる。教室に運んでおいた大根を生で食べ、部位によって辛さが違うことを味わう趣向もある。農業体験は生徒の関心を、さまざまな角度から引き出せるという。

この授業を行なった中学校をはじめ、「畑の教室」の農家がつくった野菜を給食に採り入れた学校では食べ残しが減っているという。農業体験を通して、子どもたちは変わる。通りすがりに挨拶をしてくれるし、空き缶や空き瓶の畑への投げ捨てもなくなってくるという。〇九（平成二一）年度から改正学校給食法が施行されたことを受け、食材供給を通じた食農教育が各地で見られるが、都市農家の実践がひとつの先駆けとなっているのだ。ちなみに「畑の教室」は、学校対象に留まらず、「親子うどん打ち体験」など地域に向けた食農クラスも開いている。

◆高齢者や障害者に優しい農園の仕事

土に触れること、生き物を育てることは、子どもだけでなく高齢者の心身にもプラスの効果を及ぼす。とりわけ自然から離れた都市において、この視点は大切に思う。農作業を経験してきた高齢者にとっては、自分の経験を活かせることで自信を持つきっかけになるだろう。

以前、私が東京都豊島区のシルバーハウジング*を訪問した際のこと。建物の一階に社会福祉法人に区が委託しているデイサービスセンターがあり、玄関脇のほんのわずかなスペースに野菜が植えられていた。職員に尋ねると、利用者のお年寄りが植えたもので、職員が水やりなどを手伝っているという。デイの利用者にも好評で、職員もお年寄りに教えられることが少なくないとの話だった。思い起こせば一〇年以上前に訪問した静岡県の有名な高齢者福祉施設にも、入所者が野菜栽培する農園があった。農家出身の入所者が多いこともあって、とても良い効果をもたらすと職員が話していた。

東京の国立市社会福祉協議会は、地元JAの協力を得て高齢者を対象にした「やすらぎ農園」を開いている。開園は一九九一（平成三）年。青空デイサービス事業として国の補助を受け、社協の理事を務めるJA理事が農地を提供する形で始まった。対象は七五歳以上の家に閉じこもりがちな高齢者。自力で来られない場合は、社協がマイクロバスで月に一回送迎する。種々の

*シルバーハウジング
手すりの設置や段差の解消などバリアフリー仕様の高齢者を対象にした「公営賃貸住宅・公団賃貸住宅」のこと。安否の確認、緊急時の対応などのサービスを行なう生活援助員（ライフサポートアドバイザー）を配置している。このとき訪問したのは豊島区の公営賃貸住宅。JAでは高齢者福祉事業にも取り組んでおり、JA全中ではJAの介護保険・高齢者事業の指導などを行なっている。

作業の準備は地元農家の老人クラブのメンバーがボランティアで担当、高齢者同士の交流の場ともなっている。ここは仕事で何度も訪ねているが、その度に「都市農」の有効性を意識させられた。あるとき、野菜がたくさんできたので、要介護の高齢者を農園に案内。杖や車椅子がないと生活が困難なお年寄りたちが、艶々《つやつや》と太ったナスを前にして立ち上がり、収穫に夢中になる。そんな様子に驚いたこともあった。

開園から一〇年、国の補助事業はすでに終了したが、対象を六五歳以上に変更して、やすらぎ農園はいまも運営されている。老人福祉施設などでも、園芸療法*として野菜や花の栽培を採り入れるケースが増えてきた。

また、東京都内で市民農園の数がいちばん多い練馬区では、老人クラブが運営する農園もたくさんある。スタートは一九七四（昭和四九）年。区が老人クラブの育成とメンバーの親睦と健康増進を目的に始めたという。区が農地を借り入れて、老人クラブに貸し付ける形だ。保育園との交流も実施していて、双方から喜ばれているという。

農園での農作業は自分のペースでできるため、障害者にとっても〝優しい〟仕事だ。手足を動かすことは頭を使うことでもあり、育てる責任感や育てた達成感、収穫の喜びなど心も動くから、生活訓練や社会参加の予行演習にもなる。

＊園芸療法
医療や福祉の分野で支援を必要とする人たちに向けた園芸活動によるセラピー。仲間との会話を通じた社会性の維持、販売・料理などをすることによる生活能力の維持、五感の刺激による精神のバランスの回復、運動不足の解消など、多様な効果があるという。

練馬区の白石農園*では、精神障害者社会適応訓練事業*の事業主として、一九九八（平成一〇）年から常時三～四人の訓練生を受け入れてきた。作業の内容は種蒔き、草取り、収穫作業など農作業全般で、雨天の時や冬場はビニールハウス等での作業を中心にして、年間を通して働いている。また、農業体験農園の農具置き場の片付けなども行なう。仕事は朝から昼までの週三～四日。陽を浴びて風や緑の匂いを感じ、のびのびとやっている。農作業は対人関係のストレスが少なく、練馬区の福祉担当部署からも社会適応訓練の場所として高い評価がされているという。

白石農園の取り組みは他の農家にも波及して、社会適応訓練として障害者を受け入れる農家も増えている。また、鬱病《うつびょう》の増加は大きな社会問題になっているが、いま企業のいくつかで社員の心の健康を回復するために農業生産法人をつくる動きも具体的に進んでいるという。

このほか、障害者施設等で農作業に取り組んでいる事例がかなり見られる。たとえば、東京都小金井市の身体障害者の通所訓練所「あい」ではパソコンや編み物などの訓練のほか不定期で農作業を実施、また埼玉県の和光市社会福祉協議会が運営する心身障害者福祉作業所「さつき苑」では織物や牛乳パックリサイクルのほかジャガイモや花の栽培をしているし、横浜市には地域作業所農園「ユーリカ」が野菜の無農薬栽培に取り組んでいるという。

＊白石農園
練馬区の白石好孝さんの農園。農業体験農園「大泉　風のがっこう」もある。東京の銘柄豚「ＴＯＫＹＯ Ｘ」を育てて皆で食べたり、乳牛（ジャージー種）の子牛を飼って育てて酪農家に戻して牛乳を皆で購入したりと活動は多彩。農園の隣にはレストラン「La毛利」を誘致、農園の野菜を使った料理が味わえる。

＊精神障害者社会適応訓練事業
協力事業所に委託して、一定期間通うことで生活リズムを整え、就労への意欲や集中力、対人能力などを社会生活への適応のために必要な訓練を行なう事業。期間は原則六ヵ月。

ここで、再び私自身の感想を言えば、農業体験農園に通うようになって、季節や自然を感じるように変わった。雨をありがたいと思い、風を体で受け止める。野菜の種から出た芽、いつの間にか生えてくる雑草から一生懸命に生きようという力が伝わってくる。虫も負けず劣らず、野菜に着いて生きようとしている。そこには自然の小世界がある。カラスは、食べごろのトウモロコシを足で地面に落として食べるし、場合によってはトマトも食べる。そうしたことが新鮮に目に映る。

だから、私は願うのである。「都市農」に触れる機会と場がもっと広がって欲しい。子どもやお年寄りや障害を持つ人たちの「農」体験は、私の経験以上に大切な経験になるのではないかと思う。

◈市民の農業参加と就農支援

農業に市民が直接参加する活動も、いろいろ登場してきた。そのひとつが、市民が農作業を有償または無償で手伝うもので、援農ボランティア、農業サポーターなどと呼ばれている。

たとえば、「東京の青空塾」は、東京都農林水産振興財団が行政・JAと連携して開設している援農ボランティア養成講習だ。もともとは国分寺市がJAと連携して始めたもの。一九九六（平成八）年度からの一四年間に一七五六人のボランティアを養成し、現在、三鷹市、八王子市、小平市、狛江市などの農家で、一〇〇〇人近くが除草や収穫などを無償で手伝っている。

東京都町田市にある「NPO法人たがやす」では、有償で農家の作業の手伝いを行なっている。きっかけは、生活クラブ生協のナスの産直で、地元生産農家が高齢化したため、生協メンバーが収穫を手伝ったことである。生活クラブ生協の支援を受けて、農家と地域住民を会員として二〇〇二(平成一四)年に設立された。その目的は援農活動、市民・農業体験農園の運営、地場野菜普及活動、生ゴミリサイクル運動などである。半年後に市の助成を受けたことから有償での援農を始めたという。〇五年には研修農園を開設、援農希望者は二ヵ月研修を受けてから農作業を手伝う。現在では援農登録者約一〇〇人の会員がいて市内二二軒の農家に派遣しているほか、お年寄り家庭への野菜の宅配も行なっている。

援農ボランティアを始めた動機として、将来農業に就きたいという人もいる。また、市民農園の利用者にも就農希望の人がいる。こうした人たちを農業に近づけようという活動もある。たとえば、〇四年に設立された愛知県豊田市の「農ライフ創生センター」は、市と地元JAの共同運営で、就農や援農希望者に各種講習を実施。二年間の「担い手づくり」コース修了者には農地の斡旋を行なっているが、すでに農地を取得してハウスを建ててイチゴを

＊土地持ち非農家
農家以外で耕地や耕作放棄地をあわせて五アール以上所有している世帯。相続で農地を取得した人を含む。

＊田舎で働き隊!
農山漁村地域における活性化活動に関心を持つ都市部人材等の活用を目的とする人材育成システムの構築に向け、人材育成や都市と農村をつなぐ能力を持った仲介機関(事業実施主体)に対して支援を行なう事業(農水省ホームページより)。実施主体はNPO、大学、観光協会、企業など。研修生は農山漁村で一定期間仕事と生活を体験する。

出荷している人や白菜を出荷する人などが出てきている。〇九年には土地持ち非農家*を対象とする一年間の「農地活用帰農コース」を新設した。

また、農水省（農林水産省）は農山漁村の振興を目的に〇八（平成二〇）年度から「田舎で働き隊！*」事業を始めたが、この参加者は学生など若い人が多い。研修修了生の若者たちが、すでに農山村に定住して就農したり、地域の農業団体に就職する等の活動を始めている。今後、田舎で働き隊！の経験をきっかけにして半農半X*的な生き方を実践する人が増えてくるのではないだろうか。行政やJAが行なう就農支援事業*が目指す農業とは一味違う農業参加の形があることを教えてくれそうだ。

*半農半X
「半農＝持続可能な農のある小さな暮らし」を送りながら、「半X＝自分の能力や個性、好きなことなどを社会のために生かした仕事」で生活費を得るライフスタイル。塩見直紀さんが提唱、二〇〇〇（平成一二）年には半農半X研究所を設立。

*就農支援事業
県や市町村が新規就農者に支援する事業。研修費の助成、就農一時金・営農補助金・住宅家賃の補助などさまざまな支援が行なわれている。

2 都市農業・農地の役割

(1)新鮮な野菜を供給する都市農業

◆東京に見る都市農業の規模と特徴

都市農業は、一九九九（平成一一）年に制定された「食料・農業・農村基本法*」において「都市及びその周辺における農業」と規定された。その規模

*食料・農業・農村基本法
105ページ参照

は、統計で見ると、二〇〇五（平成一七）年の全国の都市的地域（都市と周辺地域）の農家戸数は六八万六〇〇〇戸で全体の二四％、面積は一二八万ヘクタールで全体の二七％、農業産出額は二兆八〇〇〇億円で全体の三二％を占めている。

さらに東京都で見ると、〇八年で農地面積は七九一〇ヘクタール、そのうちわけは畑が五八七〇ヘクタール、水田が三〇三ヘクタール、梨やブルーベリーなどの樹園地が一七四〇ヘクタールで、全国に比較して畑が多いのが特徴だ。農家*戸数は、〇五年は一万三七〇〇戸で、このうち「販売農家」は主業農家と準主業農家が各々一六％、副業的農家が二二％、「自給的農家」が四六％となっている。

〇五年の「農林業センサス*」によれば、自給的農家を除いた主業・副業別農家数でも東京都では主業農家の割合が二九％で、全国平均の二二％よりかなり高く、準主業農家でも全国の二三％に比して、三〇％で高くなっている。また、農業者の高齢化が進行するなかで、六五歳未満の農業専従者の割合も高くなっている。農畜産物の総生産額は、〇八年で二七〇億円、野菜が第一で一四八億円、ついで花卉《かき》四八億円、果実三一億円、乳用牛一三億円などとなっている。

ここ何十年、都市農地・農業への風当たりは強かった。そのなかで、東京

＊農家
農水省の定義では、経営耕地面積が一〇アール以上の農業を営む世帯または農産物販売金額が年間一五万円以上ある世帯が農家であり、「販売農家」（面積三〇アール以上または販売金額五〇万円以上）と「自給的農家」（三〇アール未満かつ販売金額五〇万円未満）に分けられる。さらに、販売農家は、「主業農家」（農業所得が主で一年間に六〇日以上農業に従事している六五歳未満の者がいる）、「準主業農家」（農外所得が主で一年間に六〇日以上農業に従事している六五歳未満の者がいる）、「副業的農家」（一年間に六〇日以上農業に従事している六五歳未満の者がいない農家）に分けられる。また、「専業農家」（世帯員のなかに兼業従事者が一人もいない）、「第一種兼業農家」（兼業従事者一人以上、かつ農業所得の方が兼業所得よりも多い）、「第二種兼業農家」（世帯員のなかに兼業従事者一人以上、かつ兼業所得の方が農業所得よりも多い）の別もある。

都の農業は頑張っているという印象を受ける。農業体験農園の園主も五〇代が多く、その子どもが継ごうという農家が多いようだ。実際、「都市で農業をやるのは楽しい」という話も聞いている。

◈都市農産物の魅力

都市農地では東京都をはじめ野菜が生産されているケースが多いが、小松菜やほうれん草、キャベツやトマトなどは全国の農産物生産額に占める率も高い。たとえば、小松菜は江戸川区一之江が発祥の地で現在も産地だが、その生産額は東京都が全国で一、二位を誇る。横浜市を見ると、花卉や果樹、畜産を含めた農畜産物総生産額は神奈川県でトップクラス、なかでもキャベツは全国でも指折りの産地となっている。大阪市は春菊や小松菜などの野菜と花卉の生産が多いが、春菊の生産量は都道府県別で大阪府が全国二位という。

近年の社会状況と人々の意識の変化は、都市産農産物の新鮮さ・安全・安心などの価値を再発見させた。自分たちの地域を大切にしたい、環境にも優しくありたいという気持ちが巨大消費地で根付きはじめ、「地産地消*」や「フードマイレージ*」の考えを普及させてきた。

また、二一世紀は〝食の不安〟の時代として幕が開いた。二〇〇一（平成

＊農林業センサス
農林水産省が行なう農林業に関する調査。国際連合食糧農業機関（FAO）の提唱で世界各国が一〇年ごとに実施する「世界農林業センサス」に連動し、その中間年（五年ごと）に実施する。二〇〇〇年までは農業センサスだった。

＊地産地消
地域で生産したものを地域で消費することやその考え方。食料・農業・農村基本計画のなかでも地域の農業者と消費者を結びつける地産地消を地域の主体的な取り組みとして推進することが盛り込まれている。

一三）年にＢＳＥ*感染牛が日本で発見されたのを皮切りに、輸入冷凍野菜の残留農薬事件、食品偽造や産地偽装、輸入冷凍加工食品の毒物混入事件などで「食の安全・安心*」の観点でも、その価値が見出された。〝顔の見える関係〟なら信頼できそうだと思うようになったのだった。

生産者側の努力もあって、農家の庭先販売や農産物直売所、スーパーの地場野菜コーナーが人気を集め、地産地消を謳《うた》う飲食店が流行《はや》っている。ちなみに東京都の試算では、九万トンの野菜が農家から直売所等を通して消費者の台所に行くという。新鮮・安全・安心は、消費者にとって都市農産物の最大の魅力だと言えよう。

(2)都市農地・農業の多面的機能

◆明文化された農業の多面的機能

食料・農業・農村基本法は、農業の多面的機能の発揮を理念に掲げている。この多面的機能という言葉は、同法以前から農林水産業の価値と農山漁村の存在意義を語る文脈のなかで度々使われてきた。第一次産業という〝産業〟は、お金を産むことだけでは計れないという考え方である。かつて「公益的機能」と呼ばれた考え方に近い。これを、同法は「国土の保全、水源のかん養、自然環境の保全、良好な景観の形成、文化の伝承等農村で農業生産活動

＊フードマイレージ
食料の輸送に伴う環境負荷を算出する指標ないし、それを目安に地産地消等の推進で環境負荷を少なくしようという考え方。輸送量と生産地から食卓に届くまでの距離を乗じて算出する。一九九四年に英国の消費者運動家が提唱した、輸送に伴う環境負荷を少なくするという「フード・マイルズ」を農水省が導入する際、日本人に馴染みやすいフードマイレージと訳した。

＊ＢＳＥ
牛海綿状脳症。一般的に狂牛病と呼ばれる。原因はプリオンという異常化した細胞タンパクとされるが未解明。一九八六年に英国で発見され、九三年には人の発症例が英国で初めて報告された。牛の脊髄《せきずい》が危険部位とされている。

＊食の安全・安心
食品への消費者の不安を増大させる事件が相次いだことから使われ始めた言葉。ＪＡ全中では二〇〇二（平成一四）年に『中国農業と「食」の安全安心』を刊行。政府は〇三年に

が行われることにより生ずる食料その他の農産物の供給の機能以外の多面にわたる機能」と規定した。
どんな多面的機能があるか、その分類は研究者・研究機関によって異なる。生物多様性保全機能や快適環境形成機能、また都市で深刻な問題になっているヒートアイランド現象の抑制機能など気候緩和機能も挙げられている。
同様に、都市農業についてもいろいろな分類がされているが、農林水産省のホームページによれば、①身近な農業体験の場の提供、②災害に備えたオープンスペースの確保、③潤いや安らぎといった緑地空間の提供、などということになる。

◆「都市農」の恩恵

「農業体験の提供」がもたらすさまざまな効果は前に述べたが、ここで、まとめてみると、以下のとおりである。

コミュニティ機能――体験者同士、さらには地域住民の交流を生む。自主的な〝まちづくり〟を生みだす。

食農教育機能――子どもたちの生きる力を育む。親や先生などの大人にも好影響を与える。

生きがい機能――自ら食べる野菜を自ら生産する、仲間や家族などの役に

「食の安全・安心のための政策大綱」を公表、産地段階から消費段階にわたるリスク管理や消費者の安心・信頼の確保等を行なうとした。

立つという喜びを得る。〝生涯現役〟を実感できる。

福祉機能――マイペースが許され、人間関係に悩まされにくい。野菜の成長に心が和むなど心身に良い刺激を受ける。

「潤いや安らぎといった緑地空間の提供」は、日本の都市の特徴とも関わる。人は、水辺や森林や草原などに接することで癒《いや》されるが、都市で、その代替となるのは公園だ。ヨーロッパの都市に比べて日本は極端に公園が少ない。農地には土と緑があり、公園に代わる緑地としての機能を持つ。野菜や稲が育つ様子を観察したり、丘陵地の棚田や畑の景観を楽しむなど、公園とは別の魅力もある。

また、農地には水源かん養機能や洪水の防止機能がある。千葉県市川市や埼玉県草加市では、市街化が進み水害が発生していることに鑑み、行政が農地保全を図って農家に補助金を出している。草加市のケースでは、水田の溜《ため》池《いけ》機能に着目、耕作水田で一年間に一平方メートル当たり五五円を出す。その他の畑等より一〇円多い形をとる。

日本では、民有地である農地や林地が緑地のなかで大きな割合を占めており、都市から農地や林地がなくなれば、公有化など保全の施策を講じない限り、緑地はいずれなくなるという課題がある。

◆住民の命を守る「都市農」

「災害に備えたオープンスペースの確保」について言えば、一九九五（平成七）年に発生した阪神・淡路大震災で都市の防災機能の脆弱《ぜいじゃく》さが浮き彫りになった。そして、同年に横浜市で農家の申し出を受けて防災登録協力農地の指定をしたことをきっかけとして、この取り組みは大阪府堺市や貝塚市、京都府向日市などに広がり、さらに首都圏でも神奈川県藤沢市、秦野市、川崎市、東京都練馬区、世田谷区、千葉県船橋市などに大きく広がっている。

また、東京都国分寺市の取り組みは古く、七八（昭和五三）年から防災都市づくりを進めており、農地を災害時の一時避難場所とすることにし、農地の保全を課題に農家と住民の話し合いが行なわれている。

オープンスペースとしての機能に留まらず、災害時に農地を総合的に活用しようという動きもある。食料提供などについて、行政との間で生協や種々の事業所が協定を締結しているが、ＪＡも同様だ。一例を見てみよう。

練馬区では、地域防災計画のなかで、農地を公園や校庭と同様に①震災時の火災延焼防止、②防災活動の拠点、③避難場所として位置づけて、その保全を図るとしている。特に、区民一人当たりの公園面積は二・七五平方メートルと、国の基準一〇平方メートルを大きく下回っており、農地への期待は大きい。そして、練馬区は地元のＪＡ東京あおばと、九七（平成九）年度に

「災害時における農地（生産緑地＊）の提供協力協定」を締結、①ＪＡによる生鮮食料品の調達、②農家のＪＡへの事前登録による復旧資材置き場・仮設住宅建設用地としての生産緑地提供を定めた。二〇〇九（平成二一）年度では、七〇戸約一八ヘクタールの生産緑地が登録されている。この面積は、東京ドームのほぼ四倍に当たる。

農業の〝人の命を守る機能〟は、食べ物の供給が昔から認識されてきたが、今日の都市においては直接的に命を守ることも、その重要な役割となっていると言えよう。このように、農業・農地は、その位置づけ、また関連法規や税制など、当然ながら時代とともに変わってきた。「都市農」のあるべき姿を考えるとき、現状だけでなく、過去をしっかりと見ていくことが必要になることは言うまでもない。

＊生産緑地
102ページ参照。

第2章

都市における農業・農地

1 時代とともに変わる都市農業・農地

(1)都市化と農業

◈都市の拡大と農業

一九五五(昭和三〇)年から七三(昭和四八)年まで、日本は高度経済成長を続けた。工業生産力がめざましく上昇する一方で、産業構造における農業など第一次産業の比重は低下していった。それによって、地方から東京、名古屋、大阪を中心にした都市部へと人口移動が続き、三大都市圏が形成され、肥大化していく。工業化の進展と企業活動等の都市への集中は、所得をはじめ農村と都市の格差を広げ、農家の次男、三男等は仕事と夢を求めて都市を目指し、そして定住していった。

日本の人口は五〇年から七〇年で約二一〇〇万人増加したが、三大都市圏における増加は約一九〇〇万人に上った。五〇年に三四・七%だった三大都市圏の全国人口に占める割合は、七〇年には四六・一%となった。ちなみに、二〇〇五(平成一七)年には五〇%を超えている。

のちに、昭和三〇年代は、伝統的な農村社会と暮らしを根底から変えた時代だと指摘されることとなる。この時代、都市への人口流出とあいまって、田畑には農薬や化学肥料が投入され、耕耘機《こううんき》などの農業機械が一般に普及しはじめ、農家自身が自給的農業から現金収入を重視する農業へと軸足を移していく。

都市化が進行する地域では畜産公害*が問題となり、農業機械の騒音、農薬の散布等に住民から苦情が出るようになった。また、都市化による無秩序な開発は農業用水の汚染を招き、農地に隣接して住宅などが建ち、日陰をつくることにもなった。農地の工場用地や住宅などへの転用が進み、農地は減少を続けた。

◆農業衰退の道

一九六一（昭和三六）年、農業の憲法とも言うべき農業基本法が制定された。前文*で農業従事者の使命を宣した同法は、その後の農業政策の基本となるもので、農村と都市の所得格差の是正、米麦から畜産や果樹、野菜などへの選択的拡大、農業経営規模の拡大等によるなど自立経営農家の育成など農業構造の改善を意図していた。一方で、六〇年にはＧＡＴＴ（貿易と関税に関する一般協定）*のもとで、一二一品目の自由化が行なわれ、麦や大豆、飼

＊畜産公害
畜産農家の出す牛や豚、鶏などの糞尿や畜産加工業者が出す廃棄物による水質汚濁や悪臭、騒音など。これらを当時社会問題になっていた「公害」とみなした。

＊農業基本法前文
わが国の農業は、長い歴史の試練を受けながら、国民食糧その他の農産物の供給、資源の有効利用、国土の保全、国内市場の拡大等国民経済の発展と国民生活の安定に寄与してきた。また、農業従事者は、このような農業のにない手として、幾多の困苦に堪えつつ、その務めを果たし、国家社会及び地域社会の重要な形成者として国民の勤勉な能力と創造的精神の源泉たる使命を全うしてきた。
　われらは、このような農業及び農業従事者の使命が今後においても変わることなく、民主的で文化的な国家の建設にとってきわめて重要な意義を持ち続けると確信する。（後略）

料などの輸入が拡大された。結果として、野菜や畜産、果樹等の生産が拡大したものの、麦・大豆、飼料穀物は輸入に依存することとなり、米の消費の減少に伴い、米の過剰が表面化することとなった。

七〇（昭和四五）年からは、米の需給調整を行なうため、米の生産調整が開始された。日米の貿易摩擦の激化のもとで、農産物の自由化がさらに進められ、七一年にはグレープフルーツ、豚肉等が、八九（平成元）年にはプロセスチーズ、トマト加工品等が自由化された。さらに、九〇年にはリンゴなどの果汁等が、九一年には牛肉・オレンジの自由化が行なわれた。この結果、ミカン農家やリンゴ農家が大きな影響を受けた。牛肉についても乳用肉の価格下落、和牛への影響という形で影響を受けたのである。

その後、九三（平成五）年のウルグアイラウンド合意によりミニマムアクセス米*の輸入が義務づけられた。さらに、WTO（世界貿易機関*）の貿易交渉のもとで、米の関税化が九九（平成一一）年四月から行なわれることとなった。

こうした状況のもとで、全国の生産農業所得は、七八（昭和五三）年の五兆四二〇六億円をピークに減少してきており、二〇〇八（平成二〇）には二兆七六〇四億円と、ほぼ半減している。農家戸数でも一九六〇（昭和三五）年の六〇五万戸から八五（昭和六〇）年には四二二万戸、二〇〇五（平成一

＊GATT（貿易と関税に関する一般協定）
自由貿易の促進を図る国際協定。IMF（国際通貨基金）などとともに一九四八（昭和二三）年に発足。日本は五一年から申請、五五年になって加盟を果たす。一九八六〜九四年に開かれた多角的自由化交渉「ウルグアイラウンド」を受けて九五年にWTO（世界貿易機関）を設立、GATTは吸収された。

＊ミニマムアクセス米
高関税による輸入制限の代替として最低限輸入しなければならない米。九五年WTO協定の発効により輸入開始。

＊WTO（世界貿易機関）
貿易に係るルールを扱う国際機関。二〇〇一（平成一三）年から「ドーハラウンド」（正式にはドーハ開発アジェンダ）が始まった。農業交渉では関税の引き下げや市場アクセス改善、国内補助金の削減などが交渉されている。

七）年には二八四万戸まで減少した。その内訳も販売農家が一九六万戸、自給的農家八八万戸であり、また土地持ち非農家*が一二〇万戸存在する。

農地面積も、一九六一（昭和三六）年の六〇八万ヘクタールから二〇一〇（平成二二）年には四五九万ヘクタールに減少している。耕作放棄地も全国的に増加し、その面積は〇七年で三八万五〇〇〇ヘクタールに上っている。

*土地持ち非農家
84ページ参照。

◆見直される都市の農業・農地

一九九一（平成三）年のバブル経済の崩壊以降、経済の低成長の時代が続くなかで日本人の意識も変わりはじめ、都市住民の都市農地に対する意識にも変化が生まれてきている。そこでは、都市に農地が必要、残すべきとの声が強まっている。

たとえば、〇九年度に実施された東京都の都政モニターアンケート「東京の農業」では、「東京に農地を残したい」と答えた人は八四・六％で、〇五年度の同様の調査に比べても、三・五ポイント上昇している。「東京の農業に期待する役割」を尋ねた回答を見ると、七割近くの人が「新鮮で安全な農畜産物の供給」を挙げ、ほぼ半数が「自然や環境の保全」、四割が「食育などの教育機能」を期待している。

同じ都政モニターアンケート「民有地の緑の保全」を見ると、「公園だけでなく、今ある民有地の緑を保全すること」について七三％の人が「必要だと思う」と回答した。しかし、相続税の支払いや日常の維持管理が「緑」の所有者に大きな負担となっていることを知っている人は、ほぼ半数だった。また、ドイツの市民農園「クラインガルテン*」を例に挙げ、その必要性を聞いたところ、「必要だと思う」五五％、「どちらかといえば必要だと思う」三六％で合計九一％に上っている。

前章で述べたように「都市農」のさまざまな実践が増えるなか、農業を身近に感じるようになった人が多くなったのではないか。また、内閣府が一〇年一〇月に実施した「食料の供給に関する特別世論調査」によれば、将来の食料輸入に八六％の人が「不安がある」と答えた。こうした不安を背景に、国内農業をこれ以上衰退させてはならないという意識が高まり、都市農業・農地保全の意識が育まれているかもしれない。さらに、ワークライフバランス*の取り組みが進んでいること、「無縁社会*」が社会問題化するなかで人との関係性を大切にする動きが出てきていることも、「都市農」の再評価につながっていく。

都市に農業は要らない。都市の農地は宅地にすべきだ。そんな論が過去に罷《まか》り通ったことが信じられないほど、都市の農業・農地は見直された、と私は思う。

＊クラインガルテン
ドイツで約一五〇年の歴史を持つ農地の賃借制度による市民農園。各地のクラインガルテン協会が管理、利用者は会員になって区画を借りる。平均面積は一〇〇坪程度で、ラウベと呼ばれる小さな小屋（二四平方メートル以下）を併設。緑地としての位置づけから宿泊は原則不可、賃借期間は二五年から無期限と長い。

＊ワークライフバランス
各々の人において、稼ぐための「仕事」と子育てや地域活動・趣味などの「生活」の調和が図れる状態をいう。二〇〇七（平成一九）年、内閣府が中心となって、地方公共団体、経済界、労働界等の合意により、「仕事と生活の調和（ワーク・ライフ・バランス）憲章」が策定されている。

＊無縁社会
人と人のつながりが薄れ、特に人の死を巡って、誰だか分からない・身寄りがない・遺体の引き取り手がいないことが当たり前になろうとする社会。ＮＨＫ取材班の造語。二〇一一（平成二三）年一月、菅直人首相

は無縁社会対策の特命チーム設置を公表した。

(2)都市農地の位置づけの変遷

◆都市計画法による線引きと課税問題

一九六八（昭和四三）年に新しい都市計画法が制定され、農地の位置づけが大きく変わった。

五五（昭和三〇）年からの高度経済成長のもと、都市とその周辺部の農地が次々と工場用地に転換されていく。東京など大都市周辺部では、新興サラリーマン層の流入を受け、農地の宅地への転用が無計画に進んだ。スプロール化*は農地と宅地の混在を招き、農業用水に生活雑排水が流れ込んで農業経営ができなくなるといった問題が生じてきた。

こうした状況に歯止めをかけるため、一九一九（大正八）年制定の都市計画法を廃止、全面書き換えした同名の新法が登場したのだった。そこでは、「市街化区域」＝既成市街地と一〇年以内に優先的かつ計画的に市街化を図るべき区域と、「市街化調整区域」＝市街化の抑制を図るべき区域との区分――線引きが行なわれた。

その結果、市街化区域は当初建設省（現国土交通省）が想定した八〇万ヘクタールをはるかに超える一二〇万ヘクタールに達し、広大な農地が市街化区域に取り込まれることとなった。この理由は、当時の行政が市街化区域に

＊スプロール化
無秩序な市街化の拡大。道路や上下水道等が整備されないまま、虫食い的に家が立ち並び、質の低い市街地が形成されていく状態を指す。

入った農地について「転用は自由、固定資産税は宅地より大幅に安い農地扱い」としたこと、しかも行政が線引きに当たり住民参加の手続きを軽視したこと、さらに農地所有者の市街化区域編入意向が高かったことが挙げられる。

建設省は、市街化区域の農地について当初〝宅地並み課税〟を想定していたが、宅地並み課税にすると公言すれば、農地の市街化区域への編入が少なくなることを懸念して〝農地課税〟とした。当時の建設大臣の国会答弁*を見ても、宅地並み課税はしないとする一方で都市整備が進めば宅地並み課税を行なうこともあるという微妙な揺れが分かる。

◆宅地並み課税を巡る動き

国は、一九七〇（昭和四五）年になって、七一年度税制改正で市街化区域内農地について固定資産税の宅地並み課税を実施しようとした。もしこれが実施されれば農業所得を大幅に上回る負担となり、都市農業が大打撃を受けることは明白であった。

農業団体は反対の狼煙《のろし》を上げ、七一年一月に東京・日比谷野外音楽堂に三大都市圏の農家を中心におよそ五〇〇〇名を集めて反対集会を開き、運動を広げていった。そして、同年三月に宅地並み課税を実施する改正法が成立したものの、その実施は先送りされた。しかし、七三年から一定の農地に限定

*当時の建設大臣の国会答弁
保利茂建設大臣の答弁趣旨。「市街化区域に入ったからといって宅地並み課税は実施しない。道路や下水道等、都市施設が完備した地区内にある農地については、逐次、宅地並み課税を行うが、農地として立派に利用されている農地については、従来どおり農地の課税として税制上も扱っていく」。参議院第五八国会建設委員会、農林水産委員会連合審査会（一九六八年五月一〇日）議事録より。

昭和三〇年代の農村の変貌を描く「鰯雲」

没後五〇年を過ぎても人気の衰えない成瀬巳喜男監督。名画座での上映などあれば、ぜひ観たいのが一九五八（昭和三三）年に公開された「鰯雲《いわしぐも》」だ。物語は神奈川県厚木周辺の農村で繰り広げられる。新聞記者が取材にたずねる農家の嫁。彼女は一人息子を抱え、姑《しゅうとめ》に仕える戦争未亡人だが、何事にも積極的で、記者との出会いにも心が踊る。実家は農地改革で大半の農地を失い、当主の兄は世の中の変化に馴染めない。その長男、次男、三男、それぞれに父の思惑とは異なる道を歩む――というのがあらすじ。長男は農業に就いているが、かつての小作の賃稡《ちんす》きもこなし、婚約者と同居。旧家として恥ずかしくない祝言をと金策に苦慮する父を尻目に、会費制の結婚式を選ぶ。商業学校に行かせて銀行勤めをしている次男も、父に反発して家を出たあげく、兄と一緒に分家のひとり娘と結婚式を挙げるという。その分家は三男に婿《むこ》入りさせ、〝農地集積〟を目論《もくろ》んでいたのだが……。当の三男は、東京の自動車修理学校に行くと言いだし、学費捻出《ねんしゅつ》のため、父は田んぼを売る。日々右往左往する兄とは対照的に、妹は記者とも別れ、毅然《きぜん》と耕耘機《こううんき》を操るのだった。

原作は和田伝の小説。厚木出身の和田は、映画化にあたって熱心に案内したという。当時はあえて探さなくても農地は普通にあり、映画にも出てくるが役牛を飼う農家もあったことだろう。耕耘機が爆発的に普及したのは六〇年代後半。原作（初出『農業朝日』五六年一～四月）では、「メリーテーラー」を二年前に〝むら〟で初めて入れている。この耕耘機が売り出されたのは五三年だから随分と早い。

厚木は五五（昭和三〇）年に市制施行、〝むら〟が街に変わっていく時代の幕が開く。六二年には人口が五万人を突破し、二〇〇二（平成一四）年には人口二〇万人以上の「特例市」となった。

すると修正したうえで実施されることになった。

これに対し、神奈川県藤沢市など市街地整備の責任を負う自治体も反対の立場をとり、都市における農業緑地等の補助政策の名目で、固定資産税の宅地並み課税分を農地所有者に返還する施策を講じた。さらに、七六年には地方税法の改正により農地の固定資産税の条例による減額措置が可能とされ、八一年まで延長された。その後、八二年に長期営農継続農地制度が創設され、宅地並み課税が猶予された。

また、七四（昭和四九）年には生産緑地法が制定され、市街化区域内で、農業が継続的に営まれているなどの条件を満たす一定規模の農地について「生産緑地」として指定された場合、宅地並み課税が免除された。

◈農地の相続税納税猶予制度の創設

一九七二（昭和四七）年、「日本列島改造論」*が発表されると一大土地ブームが巻き起こり、地価の急上昇を招いた。市街化区域内農地の相続評価額も高額になり、相続が発生すると納税のために農地や宅地（屋敷林を含む）を売却せざるを得なくなり、農業の継続ができなくなる事態が生じるようになった。こうしたなか農家等の要望を受けて、七五年に農地の相続税納税猶予制度が創設された。これは、農業後継者である相続人がその農地で農業を

＊日本列島改造論
一九七二年六月、田中角栄首相が通産相時代に発表、七月の田中内閣でも政策の柱となった。著書『日本列島改造論』は約九〇万部のベストセラーとなる。その内容は、日本列島を高速道路、新幹線で結び、地方の工業化を促進し、過密・過疎などの解消を図るというもの。

継続する場合、農業投資価格*で評価した額を超える部分に対応する相続税額の納税を猶予する制度で、二〇年間自ら農業を継続した場合、あるいは猶予を受けた後継者が死亡した場合に猶予額が免除された。ただし、途中で農地の売却や貸し付け、転用をした場合には、納税猶予は打ち切りとなり、利子税を含めて国に納税するものとされた。

　この制度の創設により、市街化区域において農地を残せる条件ができたともいえる。ただし、民法で均分相続*が規定されていることから、農家で相続が起きるたび、徐々に農地が減少していく理屈は変わらない。

◆宅地化推進と都市農地・農業への逆風

　地価の上昇はオイルショック*後に一旦《いったん》は沈静化、しかし一九八六（昭和六一）年からのバブル景気のもとで地価が高騰し、八七年には東京の郊外部まで伝播《でんぱ》した。これは、中曽根内閣のもとでの東京一極集中施策により金融機関が地価の高騰を背景に不動産会社等に多額の過剰融資を行なった結果だった。ところが、地価・住宅価格の急上昇は農地の問題に転嫁され、農地の宅地化が大きな政策課題となった。こうしたなかで、都市農業不要論が喧伝《けんでん》され、宅地並み課税導入の気運が高まる。

　そして、九二年度から税制改正によって、三大都市圏の特定市*の市街化区

＊農業投資価格
相続税や贈与税を課税する際の財産評価基準の一つで、農地が恒久的に農業用に使用される場合の通常の取引価格として公示された一〇アール当たりの価格。

＊均分相続
共同相続人（配偶者、兄弟・姉妹など）がそれぞれの相続分を均等に相続する相続の形。戦前は、戸主が死亡した場合、新戸主（主に長男）が相続する「家督相続」だったが、一九四七（昭和二二）年の民法改正で、家督相続が廃止され、均分相続となった。

＊オイルショック
七三（昭和四八）年一〇月の第四次中東戦争の勃発を受けて、石油輸出国機構（ＯＰＥＣ）が原油価格を大幅に引き上げたことによる経済混乱。日本列島改造ブームによる地価急騰が招いたインフレに加えて、原油価格が四、五倍になったことによる価格高騰、便乗値上げなどで日本経済は大打撃を受け、高度経済成長が終焉した。さらに七八（昭和五三）年

域内農地については、保全する農地（生産緑地）と宅地化農地に区分、生産緑地に指定したもののみ、固定資産税の宅地並み課税の免除と相続税納税猶予の対象とした。ただし、このときの生産緑地法の改正（九一年）で、三大都市圏特定市の生産緑地は新しく三〇年間の営農が義務づけられた。同時に、相続税納税猶予条件がそれまでの二〇年の営農継続から終身営農、つまり納税猶予を受けた農業者の死亡を条件とする厳しいものとなった。なお、生産緑地法では農家の買い取り申し出に対して区・市が買い取ることとしていたが、実際に買い取った事例は極めて少ないのが実情である。宅地並みの固定資産税は農業所得をはるかに上回るものであり、その負担は多大なものとなっている。

さらに自治省（現総務省）は、地価の上昇を受けて、九二年の通達で、市町村ごとに時価の一～四割程度と異なる土地の固定資産税の評価額を、九四年から時価（地価公示価格）の七割を目途として一本化を図ることとした。上げ幅があまりに大きいため、段階的に引き上げることとなったが、この負担増によって、もともと広い敷地*や農地を持つ農家は、それを維持することも困難になってきている。

都市計画法は、都市計画の基本理念のなかに〝農林漁業との健全な調和〟を図りながら、健康で文化的な都市生活を確保することを置いた。だが実際

末にＯＰＥＣが原油価格を引き上げ、第二次オイルショックが起きている。

＊三大都市圏の特定市
東京都の特別区、市の区域の全部もしくは一部が「首都圏整備法」「近畿圏整備法」「中部圏開発整備法」に規定する一定の区域内（中部圏の場合は都市整備区域内）にある市、首都圏・近畿圏・中部圏内に所在する政令指定都市。

＊広い敷地
農家の敷地は、元来、敷地内で稲や麦の脱穀や豆の乾燥など農作業の場であったこと、また防風・遮光・温度調節・落ち葉などによる燃料・肥料の調達を目的とした屋敷林、貯蔵・加工などのために蔵などの必要から、敷地が広いことが特徴である。

は、都市農業・農地を都市から追いやる逆風となったのだった。

◆食料・農業・農村基本法で位置づけられた都市農業

一九九九（平成一一）年に「食料・農業・農村基本法」が制定され、農業基本法*が廃止された。この新基本法のなかで初めて、継子《ままこ》扱いされていた市街化区域内などの都市農業が位置づけられたのである。

これに遡る六九年、農林省は、六八年の新都市計画法に対抗する形で、「農業振興地域の整備に関する法律」（農振法）を成立させた。これは市街化区域内農地を事実上、農業施策の対象から外し、調整区域を中心に農業施策の対象エリアを確定することを狙《ねら》ったものであった。このため、市街化区域内農地では、農地の転用許可は不要とされる一方、土地改良事業など長期に効用を及ぼす施策などは行なえないこととされた。ちなみに、この扱いは新基本法制定以降も変わっていない。

食料・農業・農村基本法では、第三六条で「都市と農村の交流等」が規定され、第1項で市民農園の整備を促進するとした。さらに、第2項で「都市及びその周辺における農業について、消費地に近い特性を生かし、都市住民の需要に即した農業生産の振興を図るために必要な施策を講ずる」とした。この規定は、東京都で宅地並み課税反対の運動や「農と住の調和したまちづくり*」

＊農業基本法
95ページ参照。

＊農と住の調和したまちづくり
㈶協同組合経営研究所理事長の故一楽照雄氏が提唱した「農住都市構想」によるもので、農家が協同して良好なまちづくりに取り組み、宅地造成や良好な賃貸住宅の提供などを行ない、新たな居住者との協同による地域社会づくりを目指す。

を進めた農業団体のリーダーの個人的な極めて強力な国への働きかけで実現したものであった。しかし、都市農業・農地をどのように位置づけていくか、まだ具体化が図られておらず、今後の大きな課題となっている。

◆改正農地法と都市計画のゆくえ

二〇〇九（平成二一）年一二月に改正農地法が施行された。

改正農地法は、農地の所有と利用の分離により、企業等の新規参入を狙いとしている。これにより、一般企業や個人でも、貸借であれば、きちんと農業経営がされていない場合には契約解除をする旨の契約を結んで、一定の要件を満たせば農業に参入できることとなった。個人が農業参入する場合も、常時農業従事の要件はなくなり、農業機械の保有状況、労働力などから判断されることとなった。

これに併せて、従来は自作が前提で、貸借した場合には認められていなかった相続税納税猶予が、〇九年の税制改正で農業経営基盤強化促進法*に基づき、市街化区域以外で賃借権が設定された農地は終身保有を前提に認められることとなった。ただし、農用地を自ら耕作する場合は、従来の二〇年間の農業継続で納税猶予額が免除されていたものが三大都市圏特定市と同様に終身営農とされ、厳しくなっている。つまり、市街化区域以外では貸借で終身

＊農業経営基盤強化促進法
一九九三（平成五）年に制定。効率的かつ安定的な農業経営の育成を図るため、農業経営の規模拡大、生産方式・経営管理の合理化などを進めていく意欲のある農業経営者（認定農業者：担い手）を総合的に支援する目的を持つ。利用権設定による担い手への農地の集積が図られた。

保有を前提に相続税納税猶予が認められる一方、市街化区域内の生産緑地では、認められない結果となっている。この点については、次期都市計画法の抜本改正の際に取り扱いが検討されると見られる。

他方、国土交通省では現在、都市計画のあり方を検討している。その報告書*を見ると、人口が減少しはじめ超高齢化が進むなかで、環境に配慮したまちづくりが必要であり、美しく魅力ある都市づくりの上からも「農」との共生が求められ、コミュニティレベルでのまちづくりの推進が必要であるとしている。

三大都市圏の特定市の市街化農地面積について見ると、一九九三（平成五）年に生産緑地は約一万五〇〇〇ヘクタール、それが二〇〇八（平成二〇）年には約一万四〇〇〇ヘクタールと微減している。他方、宅地化農地は約三万一〇〇〇ヘクタールから一万五〇〇〇ヘクタールと、一五年間で半分以上が消えてしまった。

都市が縮退していくなかで、農地の宅地としての需要は全体としては低下することが見込まれている。三大都市圏の特定市の宅地化農地でも宅地化の必要性はなくなってきており、農地として維持することが求められる時代が来ているのである。

＊報告書
二〇〇九（平成二一）年六月の国土交通省・社会資本整備審議会都市計画部会「都市政策の基本的な課題と方向検討小委員会報告」。

2 市民的農地利用の登場

(1)市民農園のいま

◆市民農園の制度的発展

市民農園とは、『大辞林』によると「都市住民が余暇活動として行う作物栽培のための農園」であり、そのルーツはドイツのクラインガルテンだとされる。日本の現状を踏まえて、「一定の面積を持つ農地を千平方メートル未満の小区画と通路に区分し、賃貸料または入園利用料を徴収して都市の住民などに利用させる農地と附帯して整備される農地の総体」という市民農園の定義*もある。

日本の市民農園は、昭和四〇年代から農家が都市住民に入園料を徴収して野菜づくりをしてもらうということから始まった。しかし、農地法で農家以外への農地の貸借は厳しく規制されていたため、制度としては確立していない状況が長く続いていた。農家の強い希望を受けて、農林水産省は七五(昭和五〇)年に入園者があくまでも農作業の一部を行なう「農園契約方式」で

＊市民農園の定義
『農家と市民でつくる新しい市民農園―法的手続き不要の「入園利用方式」』(廻谷義治、二〇〇八年、農文協)より。

あれば農地法に違反しないという「レクリエーション農園通達」を出して、市街化区域に限りこれを認めた。これにより市民農園は全国的に増えていき、それとともに市民農園にふさわしい契約や農地貸借の形式が求められるようになった。

その後、八九（平成元）年になって市街化区域以外でも開設できる特定農地貸付法*が、さらに九〇年には市街化区域と市町村が指定した区域で開設できる市民農園整備促進法*が制定され、それぞれの法に基づいた市民農園の開設が可能となった。また、特定農地貸付法では開設者は市町村・ＪＡに限られていたが、二〇〇三（平成一五）年には構造改革特別区域法による特区農園で、さらに〇五年の特定農地貸付法の改正によって全国すべての地域で、市町村との協定を締結すれば農家を含めて誰でも市民農園を開設できることになった。この三〇年で、日本でも市民農園が〝市民権〟を得たと言えよう。ただし、特定農地貸付法では、利用は最長五年が上限とされており、五年を経過すると、継続できないという問題がある。

◆市民農園の種類

現在、市民農園はその開設根拠によって、以下に分かれる。

・農地を市民農園として利用者に貸し出すタイプ

＊特定農地貸付法
特定農地貸付けに関する農地法の特例に関する法律。農地法の例外として、耕作の目的に供される土地＝農地について一定の要件を満たせば貸付けできるとした。「営利を目的としない栽培」も要件の一つ。期間は五年以内。貸す者は、当初は地方公共団体と農協に限定していたが、二〇〇五（平成一七）年の改正で農家や農家以外の者（民間企業、ＮＰＯ等）でも可能となった。

＊市民農園整備促進法
特定農地貸付け用あるいは相当人数の継続的に非営利目的の農作業用「農地」と農機具収納施設等「市民農園施設」を「市民農園」と規定。目的は都市住民のレクリエーション等の用に供するための措置を講じ、健康的でゆとりのある国民生活の確保を図るとともに、良好な都市環境の形成と農村地域の振興を行なうこと。市町村は、都道府県知事が定めた市民農園の整備の基本方針に基づいて「市民農園区域」を指定し、開設者の認定を行なう。

①特定農地貸付法に基づくもの
②市民農園整備促進法に基づくもの
・農地で農作業を利用者が楽しむタイプ（農園利用方式）
③レクレーション農園、観光もぎとり園など
④農業体験農園

農業体験農園は、農園契約方式を踏まえて農家の知恵で生まれた新しい形式である。また、市民農園整備促進法による農園は、休憩所やトイレ、農機具収納施設等の施設を作ることができるのが大きな特徴である。その他の農園は、農地という制約から原則として建築物は建てられない。なお、近年しばしば話題となる屋上等を利用して企業が開設する貸し菜園は、農地ではないため市民農園の範疇《はんちゅう》には入ってこない。

また、市民農園は都市部にあるもの、郊外にあるもの、田舎にあるもの、に大別される。それぞれの特徴を挙げれば、家の近くにあって徒歩や自転車で行く日常型、電車や自動車を利用して週末などに行く日帰り型、年間まとまった日数を利用でき、宿泊できる滞在型だ。日常型市民農園は、区が開設する区民農園や農業体験農園として知られている。

日帰り型や滞在型市民農園は、中山間地域の市町村主導で開設しているケースが多い。日本で「クラインガルテン」とも呼ぶ滞在型はバス・トイレ・

キッチン付きの小屋があり、年間利用料は年間三〇～六〇万円、所定の日数滞在することが条件で、一年単位で更新し、最長五年が一般的だ。

◆日常型市民農園の伸張

特定農地貸付法および市民農園整備促進法による市民農園の開設状況を一九九三（平成五）年と二〇〇八（平成二〇）年を比較してみよう。

一九九三年　一〇三九農園　五万六〇〇〇区画　二九一ヘクタール
二〇〇八年　三三八二農園　一六万五〇〇〇区画　一一六四ヘクタール

一五年の間に、農園数と区画で約三倍、面積で四倍と大きく増加している。また、開設主体を見ると、二〇〇八年を例にすると、市町村二二七六、ＪＡ四八二、農業者四八〇、構造改革特区八六、その他（ＮＰＯ等）五八となっている。地域別には都市的地域が農園数で全体の六割強、区画数では八割を占めている。このほかに農園契約方式および農業体験農園があるので、市民農園の数と面積はさらに増える。また、農業体験農園の多くは市街化区域にある。

こうしたことから日本の市民農園が、ロシアのダーチャ*などと違って、都市部の日常型市民農園として伸張していることがうかがえる。

＊ダーチャ
ロシア語で、田舎の邸宅の意味。簡易別荘と家庭菜園で成り立つ。起源は一九一七年のロシア革命による農民への農地再配分政策にあるという。都市の近隣にあり、週末に利用されることが多い。ソ連時代以降、希望者に国家から土地を貸与されたもので、ソ連崩壊の時代には都市住民の自給自足を支えた。

◈農業体験農園誕生の経緯

日常型市民農園のなかで注目されているのが、農業体験農園である。これは、横浜市の「栽培収穫体験ファーム」がルーツだという。農地保全に熱心に取り組む市が編みだしたもので、一九九三（平成五）年に農家が利用者に栽培指導するという方式の市民農園として始まった。

農家が先生となって生徒＝利用者に教えるという今日の農業体験農園を体系化し、定着させていったのは練馬区の農家たちだった。生産緑地法が一九九一年の改正で、市街化区域内の農地は、保全する農地（生産緑地）と宅地化する農地（宅地化農地）とに区分されることになり、都市で農業を続けることがより厳しくなった。こうしたなか、練馬区で江戸時代から農家を受け継いできた加藤義松さんと白石好孝さんは、区の市民農園担当者に相談を持ちかけて、新しい市民農園事業の研究会を発足した。

都市農業が生き残るためには、地域住民＝消費者に理解され、支持される農業になる必要がある。その方策として、農地を貸すのではなく農家自身が野菜づくりのノウハウを伝授して利用料をもらう市民農園が有効ではないか。宅地化農地を選択した場合、毎年高額な税金がかかる。生産緑地を選択したなら、三〇年間農業を続ける必要がある。板挟みになった悩む農家が少なくなかったことも、この構想を後押しした。そこで、横浜の栽培収穫体験ファームを視察し、さらに検討を重ねて、一九九六年に加藤さんが農業体験農園「農と緑の体験塾」を、翌年には白石さんが「大泉　風のがっこう」を開園した。

練馬区ではその後も仲間の開園が相次ぎ、一九九八（平成一〇）年には一二人の園主が集まって「練馬区農業体験農園園主会」を設立、活動は都内に広がって、二〇〇二年には「東京都農業体験農園園主会」に改組した。さらに、千葉県や埼玉県、福岡県など全国に広がって、一〇年四月には園主会を発展的に解消、加藤さんを代表に「ＮＰＯ法人全国農業体験農園協会」を設立している。一〇年八月現在の協会参加農園が八八を数える。第一部で紹介した西東京市の冨岡さんや日野市の小林さんの農園も、この流れにある。

農業体験農園は、市民農園整備促進法や特定農地貸付法による市民農園と異なり、農業の一形態として位置づけられるものである。東京都農業体験農園園主会の事務局も当初は東京都農業会議*のなかに置かれた。特定農地貸付法および市民農園整備促進法に基づく市民農園は、その農地を所有する農業者が耕作・経営していないことから、相続税納税猶予の対象とならなかった。農業体験農園は園主が農業経営として行なうことから猶予の対象であってしかるべきだ。これについては、東京都農業会議が東京国税局と協議して、猶予対象となることが明確になっている。

＊東京都農業会議
一九五四（昭和二九）年、知事の許可法人として設立。農業会議は「農業委員会等の法律」に基づいて設置された農業・農民に関する情報提供や調査・研究、農業委員会（１４３ページ参照）の委員等の講習・研修などを行なう公益法人。農業委員会の会長、農業団体の代表者、学識経験者によって構成され、都道府県ごとに置かれている。

(2)日本の市民農園の課題

◆日本の市民農園の特徴

前の章で触れたように、日本の都市は欧米に比べて公園が極めて少ない。国は、一人当たり一〇平方メートルの公園面積の確保を目標としているが、たとえば東京二三区は四・五平方メートルで、三畳に満たない。これを一とした場合、オーストラリアのキャンベラが約三〇倍、ロンドンが約六倍、街の印象が強いパリでも約三倍も広い。たしかに東京を走る電車に乗って目に入る緑は、街中では神社や寺、墓地、郊外では畑や屋敷林が多い。これらは、ほとんどが民有地である。

都市の緑地は、公園などとあいまって良好な都市環境を形成し、もって健康で文化的な都市生活をもたらす。ドイツやフランスでは、一九世紀初頭に労働者の劣悪な住宅や生活環境などの不衛生改善の観点から都市計画が行なわれ、このなかでアメニティ確保のため公園が整備され、今日に至っている。この背景には、土地・不動産に対する考え方が日本と大きく異なっていることもある。つまり、フランスやドイツなど欧米では土地と建物は一体のものであるが、日本では別個の不動産とされ、しかも日本では土地の所有権が利用に対して優先されているが、欧米では逆に利用が優先されている。ドイツでは、「計画なくして開発なし」とされ、市街地が限定され、それ以外での開発は厳しく規制されている。

　また、ドイツやフランスでは公共団体による先買い権が明確にされ、公有地の拡大が図られている点も日本との大きな違いである。実際、ドイツのクラインガルテンや英国のアロットメントガーデン*などヨーロッパの市民農園は、そのほとんどが公有地であり、公園・緑地として位置づけられて、多くは利用者たちの団体が運営する。対照的に、日本の市民農園のほとんどは農家の「農地」という民有地であることが大きな特徴だ。公園・緑地という視点はなく、その運営も開設者にまかされている。かろうじて市民農園整備促進法における市民農園が、公園・緑地を意識していると言えよう。

　市街化区域の市民農園が少ない、言い換えれば街中では開園しても維持が難しいことも特徴である。区・市が運営している市民農園は、農家から固定資産税免除を条件に無料で借りて安価な料金で貸し付けていることが多いが、農家に相続が発生した場合には納税のため売却されるからだ。

　納税のため売却され閉鎖される以外にも、区・市が運営する場合、市民に広く利用機会を提供するために、同じ農園の利用期間は長くて三年程度で、毎年の抽選になる所もある。熱心に土づくりに取り組んだ利用者、農園で親しくなったグループなどにとっては残念なことだろう。また、特定農地貸付

＊アロットメントガーデン
アロットメントともいう。産業革命が進んだなかで起こった第二次エンクロージャー（囲い込み）により農村から追い出され労働者になった元農民の救貧対策として、地主などが農産物の自給のために安い地代で土地を提供したのが始まり。一九世紀末には法整備がされ、市民農園の形をつくった。第一・二次大戦中には食料不足を補ったものの、次第に低調になった。二〇世紀末から「食」への不安増大やオーガニックブームを背景に盛んになる。一区画は二五〇平方メートルほどで、自治体が管理、賃貸期間は定められていない。アロットメントという言葉は割り当てという意味。

法では、貸付期間は最長五年とされており、長期間の利用は制約されている。

◆市民農園のあり方への提案

日本の市民農園をもっと増やし、かつ内容を充実すべきだというのが、私の持論である。そこでは、市民農園に利用できる場所の確保と運営主体の形成がポイントになる。その意味では、ドイツのクラインガルテンが一つの理想だろう。日本の村落共同体の入会*と結*を盛り込んだ農園などもあり得るかもしれない。ともあれ市民農園の計画・企画・運営などに市民が参画できる仕組みをつくっていくことが必要だろう。法制や税制を変えていかなければ難しいことも多いが、ここでは、私なりにいくつか提案をしてみる。

〈日常型市民農園を有効に活用するために〉

高齢社会の進行を考えたとき、これまで以上に市民農園が歩いて行ける距離にあることが求められる。都市の場合、市街化区域に市民農園を確保したい。市民農園用地として、市・区などが農地を買い取ったり、国が物納農地を貸し出しできないか。また、高齢化などの理由で農業経営が困難になった相続税納税猶予農地を市・区などが借り上げて、農家が一定期間あるいは死亡まで保有すれば相続税の納税を不要とできないか。そうなれば、市民農園に利用される可能性が高い。

＊入会
薪炭材の伐採、木の実や草の採取などを目的に山林などを慣習的権利によって共同利用すること。

＊結
一戸でやるには多大な時間と労力が必要な田植えや屋根葺きなどの作業を集落等の総出で担う相互扶助。

そうした公有地あるいは民有地を農家ないし利用者グループに貸与し、利用者グループが管理・運営できるようになるといい。都市のお年寄りはもはや農業経験のない人が多いので、農家あるいは栽培指導ができる人が中心にいることが望ましい。子どもやその親、単身者も利用することで、市民農園が地域コミュニティの核とならないか。そこでは農家の高齢者の女性等が持っている種々の野菜の調理法や加工の知恵が、都市住民との交流で伝えられることが期待される。

練馬区では、農業体験農園の利用料年間四万二〇〇〇円のうち、区が運営する市民農園より経済的負担が少なく、しかもコミュニティができてくることから、区民には一人当たり一万二〇〇〇円を助成しているが、こうした利用者の経済的負担を減らす支援策が求められる。

また、現状では区民農園など管理が行き届かず荒れてしまう市民農園が少なくないという。こうしたところにはドイツのクラインガルテン協会のように、市民農園開設者が利用者同士の自主管理を促す仕組みが必要であろう。

〈日帰り型・滞在型市民農園を有効に活用するために〉

駐輪場や駐車場の設備が求められるが、環境保全を前提に考えたい。市民農園開園にあたって、最寄り駅と農園を往復する地元住民にも便利なバス運行を検討したらいいのではないか。

また、他地域に住む利用者が近隣農家や地元住民と交流できるような収穫祭などのイベントがあるといいだろう。市民農園開園にあたって、利用者が将来、その地で定住することも視野に入れておくべきだろう。

市民農園整備促進法に基づく市民農園では市民農園施設*が建てられるが、市街化区域外で市町村が設定した「市民農園区域」以外では、堅牢《けんろう》なトイレや家などの建築物は農園に建てることはできない。しかし、日常型以上に日帰り型や滞在型には休憩用の建物やトイレが必要になる。滞在型には宿泊や調理ができる棟があるのが一般的であるが、クラインガルテンやダーチャのような小屋の建築が検討できないか。いずれにしても、市民農園という枠のなかで利用者に必要な建築物は建てられるようになるのが望ましい。

〈「地域でつくる市民農園」を目指すために〉

より良い市民農園をつくることは、より良い地域をつくることにつながるはずだ。農家・利用者・地域住民・市町村が一体となって、地域をつくる意識を持つことが大切になる。

たとえば、市民農園整備促進法に基づく市町村の整備計画に、農家や地域住民などの提案を盛り込めるようにする。特に市街化区域の周辺部の農業振興地域の白地地区*など転用により宅地や廃棄物処理場等に変わる恐れのある農地について、景観の維持を前提に農家の協同あるいは貸与を受けたJA等

＊**市民農園施設**
109ページ注参照。市民農園に必要な農機具収納施設や休憩施設、その他利用上必要な施設（水道、トイレなど）をいう。

＊**農業振興地域の白地区域**
農業振興地域制度で定める農用地利用計画で農用地区域（農用地として利用すべき農地の区域）の指定を受けていない区域。

が、一定のエリアをクラインガルテン型の市民農園として開設することも検討されよう。また、農家が協同して〝農と住の調和したまちづくり〟を進める農住組合制度*があるが、市街化区域に隣接した農振白地などで市民農園を取り込んだ〝まちづくり〟を行なうといい。なかでも地権者農家が農業体験農園を開園するのが望ましい。同制度の組合員は農家に限定されているが、これを利用者グループ等、地域住民も一緒に運営する制度に拡充することも考えられよう。

〈「都市農」の多面的機能を活かすために〉

今日、市民農園は都市には必要不可欠である。「都市農」はさまざまな恩恵をもたらすが、市民農園の果たす役割は大きい。国・自治体は、市民農園を増やし充実させる方策を早急に打ち出すべきだ。

利用者が市民農園を利用するというベクトルでなく、開設者と利用者がともに参加して市民農園をつくるというベクトルで市民農園に取り組むとき、市民農園は計り知れない力を発揮するだろう。その力は、都市から都市周辺部へ、さらに中山間地域へ及び、日本農業の未来を照らし出す灯りとなると考える。それは夢想にすぎないだろうか。私たちの暮らしがすべてお金で換算される時代にあって、自ら汗を流し、手づくりで野菜等を育て、調理し、皆で食べる——それは人間性の回復にもつながると言えよう。

＊農住組合制度
一九八〇（昭和五五）年に制度化された農地と宅地を活かすまちづくりの手法。三大都市圏の都市開発区域、人口二五万人以上の市等の市街化区域内の農家が三人以上集まって組合を設立、優良な農地を残しつつ、区画整理事業などを経て、住宅の建設や管理、市民農園の提供などを行なう。

3 都市農地・農業を守る行政の独自施策

(1)条例の制定

◆市民と連携した農業振興施策〜日野市の場合〜

急速に都市農地が減少しているなかで、都市部の地方公共団体は農業基本条例や都市農業推進などの条例をつくり、都市農業の振興を図っている。

その先駆けが東京都日野市だろう。第1部で紹介された小林さんの話でも分かるように、農業振興に向けた熱心な取り組みで著名な所だ。

日野市は、一九九八(平成一〇)年に「日野市農業基本条例」を制定、「市民と自然が共生する農あるまちづくり」を通じて農業を永続的に育成していくことを目指している。このなかで、農業基本施策の基本事項として、①農業経営の近代化、②環境に配慮した農業、③地域性を生かした農業生産、④消費者と結びついた生産および流通、⑤農業用水路の継続保全、⑥農業の担い手の確保および育成、⑦農業者と地域住民の交流、⑧農地の保全、⑨災害への対応を掲げた。さらに、市・農業者・市民の責務を明確にしたうえで、市長の付属機関として「日野市農業懇談会」を設け、市民や農業者の意見が農業振興計画*に反映されるようにした。

現在は、第二次農業振興計画の一つとして「安心して農業のできる環境づくり」が定められ、農業体験講座の開催、芋煮会などのイベントの開催等が自治会・農業者・行政との三者協議会で取り組まれている。また、二〇〇五（平成一七）年からは毎年「日野市農の学校」を開設し、援農ボランティアを養成。そのほか農業体験農園の開設支援や学童農園の充実、学校給食用の野菜の契約栽培など、条例に基づき多様な取り組みを展開して、「都市農」を牽引《けんいん》している。

◆市民税上乗せを財源とした緑の保全施策～横浜市の場合～

横浜市は、二〇〇八（平成二〇）年に「横浜みどり税条例」を制定した。これは、〝緑〟の保全と充実を目的に、個人は年九〇〇円、法人は規模に応じて年四五〇〇円～二七万円を五年間市民税に上乗せして課税し、一年間約二四億円を五年にわたり徴収して財源の確保を目指すもの。また、一定の条件を満たした農業用施設*と緑化基準を超えた建築物の敷地については一〇年間固定資産税・都市計画税を軽減するとした。

横浜市は、大都市でありながら農業が盛んだ。栽培収穫体験ファーム*を始

＊農業振興計画
食料・農業・農村基本法に基づいて図られる農業振興の一環として区・市町村が地域の実情を踏まえて定めるおおむね一〇年以上の長期にわたる総合的な農業振興計画のこと。安全・安心な農産物の生産・流通（地産地消）や農地の保全・活用、担い手の育成などを内容とする。

＊農業用施設
溜池、防風林、農道、農産物集出荷施設、畜舎、農機具収納施設など。

＊栽培収穫体験ファーム
112ページ参照。

めたように、市は早くから計画的な都市農業の確立を目指した。キャベツやじゃがいも、梨など三〇品目を〝横浜ブランド農産物〟として生産振興を図ることも忘れない。さらに、地産地消の推進、「市民利用型農園」*の設置・拡充、市独自施策の「農業専用地区」の指定などを進めている。緑地保全目的での税の導入は、市町村レベルでは初めてだという。

◆大阪版認定農業者の創設〜大阪府の場合〜

大阪府は、二〇〇七（平成一九）年に「大阪府都市農業の推進及び農空間*の保全と活用に関する条例」を制定した。その目的は、農業者をはじめ多様な都市農業の担い手を育成・確保し、保全する農空間を明らかにして遊休農地等の利用を促進し、農産物の安全性を確保し、府民の健康的で快適な暮らしの実現と安全で活気と魅力に満ちたまちづくりの推進に寄与することである。

条例の柱は、「大阪府認定農業者制度」「農空間保全地域制度」「農産物の安全・安心確保体制の整備」の三つだ。なかでもユニークなのは、独自の認定農業者の創設である。国の施策は大規模に農業経営を行なう「認定農業者」に集中されているが、農業経営基盤強化促進法*の担い手基準では年間農業所得六〇〇万円が求められ、府の認定農家数は〇七年で三〇〇戸に届かな

＊市民利用型農園
横浜市には「特区農園」一二〇農園一五・一ヘクタール、「栽培収穫体験ファーム」九六農園一三・三ヘクタール、「環境学習農園」一五農園九ヘクタール、「いきいき健康農園」九農園一・六ヘクタールがある（二〇一〇年三月現在）

＊農空間
同条例で「農地、里山、集落及び水路、ため池等の施設が一体として存する地域」と定義。

＊農業経営基盤強化促進法
106ページ参照。

い。国は、三〇アール以下の農家や販売金額のない農家を統計上も除外している。これでは都市農業を守れないとして、小規模な農家を位置づける独自の基準を設けた。

具体的には、以下の五つをもって大阪版認定農業者とする。

①大阪府認定農業者

農業経営基盤強化促進法に基づく従来の認定農業者（国と同じ基準）。

②大阪府認定地産地消農業者

農産物等を直売所や学校給食などへ供給し、地産地消に意欲的に取り組む者。五年後の目標として、年間販売金額五〇万円以上を目指す。

③大阪府認定エコ農業者

エコ農産物の生産に意欲的に取り組み、環境保全に配慮した農業経営を営む者。五年後の目標として、化学肥料使用量・化学農薬使用回数は通常の半分以下を目指す。

④大阪府認定地域営農組織

直売所等を中心として農業経営を行なう農業者等で組織する団体。直近三年間に農産物の販売実績があり、構成員の中に三戸以上の農家が含まれていることが要件。地産地消農業者と同様に、五年後の販売金額が一名当たり五〇万円以上を目指す。

⑤大阪府認定農業支援組織

援農ボランティアなど府民等で組織する営農支援を目的とする団体。直近三年間に農作業の受託実績があり、五年後の目標として、耕耘や農作業の年間延べ三〇アール以上受託を目指す。

大阪府は、一〇年三月までに合計四回の申請を受け、大阪府認定農業者二八四名、地産地消農業者一三一六名、エコ農業者七七〇名、地域営農組織一五件・五七六名、農業支援組織一三件・四四五名を認定。共同利用の機械や直売所関連施設の整備などへの助成、栽培技術指導、認定農業者への農地の斡旋を行なっている。

農空間保全地域制度は、市街化区域内農地のなかの生産緑地、農振農用地、*市街化調整区域農地のうちの集団的農地（おおむね五ヘクタール以上）が対象となるが、これらで府内農地の八四％を占めている。府は市町村と協議のうえ認定し、実態調査のうえ地域住民等で構成する「農空間づくり協議会」を立ち上げ、さらにその協議会が遊休農地の利用に向けた取り組みを行なう場合に大阪府が支援する仕組みだ。農空間づくりは早くも成果を上げ、農業体験学習や援農を通じた地域住民と農家の交流、農業体験農園の整備などの形で広がっている。また、農産物の安全・安心確保体制の整備としては、農薬の適正使用や直売所への農薬管理士の配置などを実施している。

＊農振農用地
農業振興地域制度で定める農用地利用計画で農用地区域の指定を受けている区域（青地区域）。

◆都市整備と連携した農地保全の取り組み～世田谷区の場合～

世田谷区では、〇九（平成二一）年一〇月に「世田谷区農地保全方針」を決定した。世田谷区は、東京二三区内で練馬区に次ぐ農地面積を持つ〝農業区〟。しかし、相続による売却などで農地の減少が続いていることから、抜本的な保全に踏み出した。その特徴は、区の都市整備方針と農業振興計画を連携させたうえで、方針決定をしていることだ。

農地や樹林地がまとまっている七地区を農地保全重点地区に指定し、生産緑地制度による保全推進、都市計画緑地に決定したうえでの農地取得など地区に応じた農地保全策を講じ、併せて都市農業振興を図る。具体的な農地保全策として、①宅地化農地の生産緑地への追加指定、②宅地化農地の区民農園・苗圃《びょうほ》等としての活用、③屋敷林の市民緑地・保存樹隣地等への重点的指定、④保存樹林地の支援拡充を挙げている。

農地取得については、買い取り以外に方策がない場合に限定して、かつ具体的な買い取り要件*を定めている。その資金も、農地を公園・緑地として定めることにより国や東京都の交付金を最大限活用することとしている。

また、農地制度や税制の改正が必要であることを明記し、「都市農地保全推進自治体協議会」など他の自治体と連携して国に働きかけを行なうことと

＊買い取り要件
次の条件すべてを満たす場合。
①都市計画公園・緑地の指定
農を生かしたまちづくりの拠点として有効性が高い農地等で、面積一ヘクタール以上または群として合計面積一ヘクタール以上で都市計画公園・緑地に指定すること。
②農業振興等拠点整備として取得後、以下のいずれかに利用
区民参加型農園、教育・福祉農園、多様な農業者の育成・支援事業展開のための農園（農業後継者の育成、農業体験農園や学校等が実施する農園の技術支援できる人材の養成等を行なう研修農園）、生産力強化に向けた実験農園、緑化のための花苗の生産農園。
③農業振興拠点の管理運営
管理運営について実施事業内容に応じて、農業関係団体、区民活動団体、学校法人等と連携。

した。

(2)自治体の連携による都市農地保全の動きの本格化

◆都市農地保全推進自治体協議会の設立

条例制定など自治体単独の動きとは別に、地方公共団体が連携して取り組む動きが出てきている。

二〇〇八(平成二〇)年一〇月には、練馬区が中心となって「都市農地保全推進自治体協議会」が設立された。メンバーは東京都を特別会員とし、都内の一〇区、日野市など二六市、日の出町と瑞穂町。市街化区域内農地を持つ計三八自治体で、練馬区長が会長を務める。

協議会の目的は、都市農地を「安全で新鮮な農産物の生産に加え、環境保全、防災、食育への寄与など多面的で重要な役割を有する」と規定したうえで、その減少を共通の課題とする自治体が連携し、農地保全を目指す取り組みの進展と住民福祉の向上を図ることとした。そのために、調査や情報交換、市民参加型フォーラムの開催などを実施。また、農林水産省と国土交通省に対して要望書を提出し、都市農業に関する基本法制定、生産緑地地区の面積要件の下限の引き下げ、相続税の負担軽減など、法制と税制の両面から農地保全を働きかけている。

◆全国都市農業振興協議会の設立

このほか、一〇年一〇月には埼玉県川口市の呼びかけで、「全国都市農業振興協議会」が設立された。埼玉県、千葉県、大阪府などにある七〇都市と農業関係団体四の計七四が集まって、川口市長を会長に、都市農地の保全・活用、都市農業振興の推進を目的に活動する。ここでは都市およびその周辺の農地と農業の復権・再生をスローガンとして、①都市農業を支援する包括的法制度等の創設・拡充、②都市部における農地の存在意義の認知と都市づくりにおける計画的な農地の保全・活用の推進（都市計画法への農地の位置づけ）、③農業に関わる相続税軽減措置の拡大と相続税納税猶予制度および生産緑地制度の要件緩和を主要施策提案に掲げた。

この二つの協議会は、都市農地が減少しつづけるなかで、住民福祉の観点からも都市農業の再生をいかに図るかを課題としている。特に相続税納税猶予については、二〇一一（平成二三）年度税制改正で相続税の基礎控除縮小や最高税率の引き上げが計画されるなかで、その施策が重要な段階を迎えており、協議会の取り組みが大いに注目される。

市民農園の歴史と公共性

ドイツのクラインガルテンは、自治体の公共地を借りた市民農園。協会員が運営する非営利のクラインガルテン協会によって各地区に設立されており、現在四〇〇万人――国民の二〇人に一人が利用している。

その歴史は、一八六二年のライプチッヒで始まった。当時ライプチッヒには産業革命によって農村から大勢の市民が移住、貧しく子沢山な一家は食料不足と長時間労働による健康障害、住宅事情の悪化など厳しい状況に置かれていた。この状況改善のため、医師で教育改革者のシュレーバー博士が、協会組織をとった〝市民農園〟を提唱、これが運動となって広がっていく。一九一〇年には赤十字社が取り組んでいた労働者菜園運動と合体して、クラインガルテンの礎をつくった。

今日のクラインガルテンは、連邦法で、非営利の自家消費農作物等の生産と休養や憩いの場と規定。利用者ごとの小屋付き農園とクラブハウスなどの共同利用施設を設えており、都市計画のなかでも明確に位置づけられている。利用資格は子どものいる家族、年金受給者、身体障害者などで社会福祉的側面がある。

一九世紀初頭に救貧対策としてアロットメントガーデン（分区園）を開設したイギリスをはじめ、ヨーロッパでは市民農園に熱心に取り組む国が多く、現在一五ヵ国が市民農園国際会議に参加している。また、ロシアにあるダーチャ（別荘型市民農園）は食料自給で大きな役割を果たし、その国内生産に占める割合は、ジャガイモ八三％、野菜七〇％、牛乳五一％、肉類四三％、卵二四％に上るという。

歴史を辿ると、市民農園は社会福祉と食料自給に貢献し、本来公共性を持っていることがよく分かる。二一世紀の都市においては、環境やライフスタイルの面からも〝市民農園活動〟が重要になってくることが推測される。日本においても、改めて公共性から市民農園を考える必要があるだろう。

第3章

「都市農」をつくる

1 危機にある日本の「農」と「食」

(1)日本の「農」は消滅に向かう?

◆高齢化する農業従事者

いま、日本の農業は、構造的な危機にある。それは、農産物の自由化のもとで安価な農畜産物が輸入され、農産物価格の低迷のもとで、農業所得が減少し、農業を営む農家が減少しているからである。この打開策として進められている農業の規模拡大や農家への戸別所得補償*もうまく機能しているとは言い難い。

高齢化が進行するなかで、とりわけ中山間地域では、六五歳以上の高齢者が過半を上回る限界集落*が増加している。古くは採草地や農道・水路の管理、新しくは農業機械の共同利用まで、農業は地域で協同で行なうことを本筋としてきた。しかし、中山間地域の多くは協同で執り行なってきた葬式や祭りも難しいほどに過疎と高齢化が深刻であり、農村社会の維持自体が大きな課題となっている。

＊戸別所得補償
民主党が進める農業保護のための直接支払い施策。一定の条件で米、麦、大豆などの生産を行なった販売農業者に交付金を支払う。二〇一〇（平成二二）年には米のモデル事業の定額部分として一〇アール当たり一万五〇〇〇円が支払われた。

＊限界集落
大野晃長野大学教授が一九九一（平成三）年の高知大学教授のときに提唱。同教授の研究テーマは「条件不利地域の国際比較――日本と北欧」「限界集落問題と地域再生の課題」。近年は都市の限界集落化も進行している。

中山間地域に限らず農家は減少の一途を辿り、しかも販売農家の農業就業者の平均年齢は、一九九五（平成七）年に五九・一歳だったが、二〇一〇（平成二二）年には六五・八歳と、六五歳を超えた。東京都の基幹的農業従事者*の年齢構成を見ても、〇五（平成一七）年では「六五歳以上」が五三％を占め、三〇年前の約二・五倍に達している。近年は、派遣切り*にあった若者を就農させ、農業の〝若返り〟と若者の就業の一石二鳥を狙う動きがあったが、それは難しかったようだ。農業は自然に左右され、それにきめ細かく対応するための長年にわたる技術の習得が不可欠なのだ。

雇用の受け皿になりうる賃金や休暇、各種保険はあるのか。仕事の魅力、将来の展望はあるのか。農業を取り巻く厳しい状況が変わらないなかでは、強いモチベーションがなければ、自営であれ、農業生産法人への就職であれ、農業に従事しようという若者が現れるとは思えない。農業を継続することが大変なのである。

*基幹的農業従事者
自営農業に主として従事した世帯員（農業就業人口）のうち、ふだんの主な状態が「主に仕事（農業）」である者をいう。

*派遣切り
人材派遣業者による派遣契約の打ち切り（解雇、更新拒否）。二〇〇八年のリーマンショック（世界的金融危機）を背景に打ち切りが続出し、社会問題化した。

◆企業の農業参入

農地法の改正は是か非か。農業関係者、そして国会でも大きな論争になったが、〝農地の自由化〟に軍配が上がり、二〇〇九（平成二一）年一二月の改正農地法施行を受け、個人や企業も農地の貸借を条件に農業に参入できることとなった。改正農地法は施行五年後を目途に検討されることになっているが、貸借だけでなく所有について企業に認めろという議論がすでに始まっている。

農地法は一九五二（昭和二七）年の制定以降何回も改正されてきたが、〇九年の改正はそれまでにない大改正で、戦後の農地改革*になぞらえて「平成の農地改革」とも呼ばれた。それは、農地の位置づけが〝所有〟から〝利用〟に変わったからである。戦後の農地改革によって小作は否定され、農地は耕作する者が所有することになり、それを規定したのが農地法であった。改正法では、農地を効率的に〝利用する〟ことが重点となっている。もちろん、地域との調和・調整が図られたうえでの効率的な利用であるのだが。

農村社会は農地改革と民主化で大きく変わったという。しかし、先祖代々その地に住み続けてきた人たちが、善かれと思うところで、その社会を維持し、あるいは変革してきたという基本には変わりがない。地主制度は解体されたが、在村地主*だった農家のなかにはその地に住まい続け、変革の担い手となった人もいた。農地の効率的な利用は、その地の人たちにとって自明の理なのである。そこでは、環境や景観の保全は昔から大切な要素であった。

一方、大企業を見れば、その目的は営利であり、農業で収益を上げられない場合には撤退することは自明の理である。誰のための利益かといえば株主

*農地改革
第二次大戦後の一九四六（昭和二一）年末から五〇年にかけてGHQ（連合国総司令部）主導で行なった〝農地解放〟。地主から強制的に安い価格で買い上げて小作人へ売却する形で実施。買収農地と財産税として収められた農地と合わせ約一九四万ヘクタールが自作地となった。

*在村地主
その地域に居住している地主。農地改革では不在地主はすべての農地が強制買収の対象になったが、在村地主の農地は限定して残された。

であり、多くはその地と縁のない他所の法人・個人であって、企業が撤退すればまったく関係性がなくなる。企業参入によって雇用の場が創出されるという見方もあるが、効率化・合理化を是とする企業が行なう農業がどれだけ応えられるかは未知数だ。企業が撤退した跡にハウスの鉄骨の残骸《ざんがい》がそのまま残り、農地として利用できなくなっている所もすでにある。将来的には外国人研修生を積極的に受け入れるだろうという話も聞こえてくる。

また、すでに条件の悪い谷地田*などに産廃業者が参入する動きもあり、飲用水の水源の汚染が起きることも懸念される。外国資本が山林を買う、農業に参入する――こうした事例が広がりつつある。

農地法の改正は、食料自給率の低下問題や輸入冷凍食品の毒物混入事件ほどには社会の関心を集めなかった。テレビや雑誌の採り上げ方も、「儲かるビジネス」「強い農業」というふうなキャッチコピーで〝農業の自由化〟に拍手を送るものが多かったように思う。これまでたびたび言及してきたが、農業には産業としてだけでは括《くく》れない「農」の世界がある。しかも山林とならんで水田などの農地は自然環境の保全や地下水の涵養《かんよう》、生物の多様性を確保する役割など多面的な機能を担っている。農地法改正の是非はさまざまに論じられるが、この改正が「農」の未来、大きく言えば日本の未来に大きな影響を与えるだろうことは想像に難くない。

*谷地田
細長い谷につくられた水田。

(2)日本の「食」は絶望に向かう?

◆食料自給という課題

日本の食料自給率(カロリーベース)は、二〇〇九(平成二一)年度で、前年より一ポイント減って四〇%となった。五〇%を下回ったのは一九八九(平成元)年度で、一九九七年度以降は四一~三九%の範囲で小さく動いている。この自給率四〇%という言葉は、食料安全保障*の議論のなかでよく使われてきたが、このカロリーベースの自給率だけでは実態が見えなくなるという指摘もある。そこで、農水省では生産額ベースの自給率も前面に出してきている。この数字は〇九年度で七〇%。「低くないじゃないか」という声も聞こえてきそうだが、一九六五(昭和四〇)年を見ると、カロリーベース七三%、生産額ベース八六%であり、自給率が低下してきているのは間違いない。

他方で、グローバル化のもとでTPP(環太平洋戦略的経済連携協定*)の参加が論議されている。国益を取るか農業保護を取るか、開国による経済成長か鎖国による没落か——マスメディアは分かりやすい対立構図を描き、かつて都市の地価高騰を市街化区域の農地の問題としたように、日本の行き詰まりを農業の問題として提示している。しかし、TPP参加もまた「農」の

*食料安全保障
生存のために不可欠で、かつ健康で充実した生活の基礎となる食料をすべての人が得られること。日本では、食料を国民のため安定供給できるよう準備しておくことは国の義務と位置づけている。

*TPP(環太平洋戦略的経済連携協定)
農産物はじめ物の自由化、サービスの自由化、関税の撤廃などを図る参加国による協定。二〇〇六年に発効したシンガポール、ニュージーランド、チリ、ブルネイによる経済連携協定。当初は四ヵ国だったが次第に増加。

未来、大きく言えば日本の未来に大きな影響を与えるものなのだ。しかもＴＰＰやＦＴＡ（自由貿易協定）＊の論議は非公開で行なわれ、国民の知らないところで決められるという大きな問題がある。さらにＴＰＰには、金融その他の自由化もあり、このなかに人の自由化も含まれている。そうなれば将来、欧米のように日本も多民族国家になる可能性は高い。欧米ではすでに若者の失業率が高い一方、低賃金労働等に外国人が就労し、そのなかで種々の社会的問題が生まれており、それらに伴う社会的費用の負担と覚悟が求められているのである。

米国とのＦＴＡ締結に踏み切るなど、コメ以外の品目を除いて自由化を進めている韓国を見ると、食料自給率は急速に低下してきており、農地面積も自国で確保する必要があるとする最低限を近い将来に下回ることが見込まれているという。こうした状況のもとで、韓国は外国での農業生産を開始している。

自国で無理なら他国で農産物を生産すればいいという発想は、その無邪気さにおいてマリー・アントワネットの発言だと伝えられる「パンがなければケーキを食べればいいじゃない」にどこか似ていないだろうか。世界規模では人口の増大が進行し、中国やインドなどの人々の所得の増加による肉の消費増加に伴い、食料やエネルギーの争奪合戦がすでに始まっている。また、

＊ＦＴＡ（自由貿易協定）
関税など貿易障壁を取り除く目的を持つ二ヵ国以上の協定。

トウモロコシ等からバイオエタノールを製造することは是か非か。熱帯雨林を焼き払って、穀物の生産や牛の放牧地にするのはどうか。グローバル化は、弱者の犠牲を招き、国の内外で格差の拡大や生物の多様性の喪失などをもたらす可能性が高い。食料自給の課題は、その視点を持つべきなのだが、それもないまま日本の食料自給率は低下していく気配がある。

また、遺伝子組み換え農産物の問題も国境を越えている。農業生産の規模が大きく、巨大種子会社や農薬会社を有する米国は、遺伝子組み換え農産物を次々と開発し、他国へ受け入れを迫る。二〇一〇（平成二二）年一二月末に、農水省は遺伝子組み換え大豆承認のパブリックコメント*を募集したが、除草剤耐性を持つ大豆の日本国内での栽培が他の作物や昆虫などの動物にどんな影響をもたらすか。生産性向上、食料自給率のアップだけでは済まされない課題である。

◆崩れていく食生活

若い世代から食生活が大きく変化しはじめているという。たとえば、朝食を食べない若者が増加している。ＮＨＫ放送文化研究所が二〇〇六（平成一八）年に行なった「食生活に関する世論調査」によると、一六歳から二九歳の男性の二五％、女性の二〇％が「（調査した三月一〇日の）朝食はとら

＊遺伝子組み換え大豆承認のパブリックコメント
「遺伝子組換えダイズの第一種使用等に関する承認に先立っての意見・情報の募集」。募集期間二〇一〇年一二月二四日〜一一年一月一月二二日。

なかった」と答えた。これが、六〇歳以上の男性では三%、女性では一%と、若年層と高年層で顕著な違いが見られた。NHKが一九八六（昭和六一）年に行なった同様の調査では、朝食をとらなかったのは二〇代男性中心の二割ほどで、他の年齢層の男性および女性の数字は極めて小さい。

また、内閣府が全国の大学生を対象に二〇〇九年に行なった「大学生の食に関する実態・意識調査報告書」によると、普段の朝食を「ほとんど食べない」と答えた男子学生は一七%、女子学生は九%いた。そして、栄養バランスの意識について「概ね意識している」のは朝食を「ほとんど毎日食べる」学生では七六%、「ほとんど食べない」学生では八%と大きな開きがあった。

昼食をとらない若い男性も増加傾向にあり、欠食問題は戦後の食料不足時代とは違う形でクローズアップされている。雇用環境の悪化を背景に、食事にお金をかけられない、時間の余裕がないということもある。家族や仲間との〝楽しい食事〟というイメージも、ここ十数年で薄れてきた。個食*、孤食*、中食*、内食*、弁当男子*……、次々と食を巡る造語が登場してきたが、「食べることは生きること」という大原則は忘れられているのではないか。食生活が崩れているのは、生きることの基本が崩れてきているからなのかもしれない。

*個食
家族があっても一人一人で食べる食事。一人分にパッケージされた食品もいう。

*孤食
一人で食事をすること、あるいは孤独を感じながらの食事。

*中食
購入した弁当や調理済みの惣菜などの自宅での食事。外食に対して造語された。

*内食
調理した食品の自宅での食事、自炊。外食・中食に対して造語された。

*弁当男子
自分でつくった弁当を会社等に持っていく男性。二〇〇八年末頃から流行。背景には節約志向と健康志向がある。

◆なくなる食文化

包丁のない家が時折話題に上る。このところは目立たないが、以前は新聞のコラムやブログなどで盛んに取り上げられていた。まな板のない家、急須《きゅうす》のない家というバリエーションもある。家で料理をしないから、お茶はペットボトルで飲むからと理由は簡単。まことしやかに三割の家に包丁がないという話もあるが、数字の根拠は不明である。ただ、単身世帯を中心に包丁やまな板などを置いていない、あるいはあっても使っていない家は増えているだろうとは思う。コンビニ弁当やファーストフードを利用すれば三〇〇円で食事ができる時代なのだ。

食生活が崩れてくるのと歩調を合わせ、料理することや食事をとることへの興味が薄れてきたのではないか。地産地消や食の安全・安心など食を巡る関心の高まりがある一方で、こうした「食」への無関心、「食」の外部化・商品化が世の中に急速に広まってきた。日本型食生活*の提唱、食育基本法*の制定、食事バランスガイド*の作成など、国がさまざまな施策を打ち出してきているのも、その現れと見ることができるだろう。

今日の日本では、食材、料理、器、マナー、旬、郷土料理、行事食といった食にまつわる多彩な文化が薄れ、なくなろうとしている。食文化という言葉も、民俗学や文化人類学のなかに押し込められようとしている。

＊日本型食生活
一九八〇（昭和五五）年に農政審議会が推奨したのが始まり。戦後推奨されてきたアメリカ型食生活の見直しが図られた。農水省の定義では「米（ごはん）を中心に、魚や肉、野菜、海藻、豆類などの多様なおかずを組み合わせて食べる食生活のこと」。

＊食育基本法
76ページ注参照。

＊食事バランスガイド
一日に、「何を」「どれだけ」食べたらよいかを示すイラストガイド。二〇〇五（平成一七）年に厚労省と農水省が決定した。

2　未来を担う「都市農」をつくる

（1）必要な「農」の再定義

◆多面的機能の重視と協同の創出

危機にある「農」と「食」を救えないだろうか。そのためには、まず「農」を再定義することだ。食べ物が自給自足中心の時代から商品経済化されていく時代経過に従って、消費する者と生産する者との距離はどんどん遠くなってきた。半世紀前には身近に見られた農地で育つ農産物も、いまは誰がどのようにどんな所でつくっているのか分からない状況が広がってきた。そうしたなかで、稲と麦の区別がつかないとか、サツマイモが土の中にできることを知らない人がいてもおかしくないだろう。このままでいけば、野菜が植物という生き物であることも忘れられそうだ。

また、外食や中食の拡大により、輸入農産物に依存する度合いが高まってきた。同時に、食べることの意味もお腹を満たすことのみになりつつあるなかで、農産物の本来の味や「食」の大切さも分からなくなってきている。そして、いままた農産物の輸入が拡大しようとしている。日本に農業は必要ないという極論も再び聞こえてくる。

再定義にあたっては、消費者と生産者の顔の見える関係をいかに強固に築いていくかがポイントだ。地域のなかで、あるいは地方と都市を結んで、消費者と生産者がお互いに相手のことを知ることが肝心である。また、消費者自身が「農」に参加する条件づくりが必要だ。参加することによって、自らの暮らしを見つめ直す機会が与えられ、同時に「農」を実感することができる。参加ということでは、農業体験農園や援農ボランティア、農業体験学習などといった実践がある。

そして、生産者と消費者が一緒に「農」の多面的機能を重視した再定義を行なう。農家と地域住民、あるいは農家と都市住民が協同して再定義すべきだと私は思う。

では、農産物供給だけではない「農」の多面的機能とは？　そのことは、すでに農業・農村の多面的機能や「都市農」の恩恵として紹介したが、第1部と第2部を通して読み取れはしないだろうか。さらに、「農」に参加した人自身が新しい〝機能〟を見出していくに違いない。

◆少子高齢社会を支える「農」

長野県は老人医療費が全国でも少ないことで有名であるが、長野県ＪＡ厚生連*・健康管理センター（佐久総合病院*内）が二〇〇七（平成一九）年の健診結果より農作業の有無と健康および介護予防の関係を調べる調査を実施した。六五歳以上の高齢者約三万人余を対象にした大規模な健診で、その結果七五歳以上の後期高齢者において「農作業をしている人」の方が「農作業をしていない人」と比べて、「うつ傾向」や「認知機能」、「運動機能の向上」で良い結果が出ている。これは、農作業をすることで頭や身体を使い、暮らしにリズムが生まれ、現金収入を含め生涯現役の充足感が得られるなどの効果によるものと見られる。この健診は、ＪＡ長野県厚生連・健康管理センターが毎年、行政等と連携して行なっているもので、農作業が高齢者の健康に与える影響に着目しているものである。追跡健診を行なえば、その関係はさらに明らかになるだろう。

農作業が人とのつながりをもたらすことも、高齢者の心身の健康にプラスになる。日本福祉大学等が〇三年以降四年間にわたり、高齢者の社会的孤立とその後の要介護・死亡との関連の継続調査を行なった。対象は愛知県知多半島の六自治体の六五歳以上の健康な高齢者約三万人で、その結果、人とあまり会わないなど孤立状態にある高齢者の方が、そうでない高齢者と比べ、要介護になる割合で一・二八倍、死亡でも一・二二倍高いことが分かった。

＊ＪＡ厚生連
厚生農業協同組合連合会の略称。ルーツは大正時代に窮乏している農村地域の医療を兼営した島根県の信用購買販売利用組合。この活動が全国に広がり、戦時中の農業会を経て戦後の農協が継承し、保健・医療・高齢者福祉の事業等を行なう。農村地域の住民の健康管理を目的として、ＪＡが出資して設立。二〇一〇年三月末現在、一一五の病院（病床数約三万六〇〇〇）と六六の診療所を持つ。

＊佐久総合病院
一九四四（昭和一九）年開設。「農民とともに」の精神を理念に掲げて高度専門医療と地域密着医療を担う。故若月俊一医師の活動でも著名。

社会的孤立が孤独死や自殺だけでなく、死亡と要介護状態のリスク要因であることが明らかになったわけだが、それは孤立を解消すれば改善につながることを意味している。

また、農空間*を規定した大阪府のなかでも、堺市金岡地区は熱心に取り組みを進めているところだ。この地域の水田を利用して近くの小学生に米づくりの農業体験学習を行なった高齢の農家が、孫にあたる子どもたちに田植えや稲刈り、しめ縄づくりを体験してもらうなかで、それをきっかけにどんどん元気になり、稲刈りには子どもたちの親も集まる一大イベントに発展し、その元気をもらって地域のみんなで田んぼを残そうという活動に発展している。こういう話は枚挙にいとまがない。

「食」にまつわる事例もたくさんある。たしかに、おばあちゃんのつくる味噌汁、おじいちゃんの手打ちうどんは美味《おい》しい。それだけではない。お祭りのときの混ぜ寿司、正月の餅など……、食べるだけでなく、食材づくりの苦労や年中行事の思い出も聞かせてもらえる。一緒に来た子どもたちの親は、話を聞いたりレシピをメモする。お年寄りと子どもが、時間と場所をともにすることで食文化を伝えていこうという試みは、すでに各地で実践されている。「農」を介して、お年寄りが元気になり、子どもが「食」の意味を知り、生きる力を培っていく。少子高齢社会日本において、「農」は大きな希望を

＊農空間
１２２ページ参照。

もたらすのではないだろうか。

◆地域再生の要は地域の「農」

改正農地法では、地域との調和に配慮した農地についての権利取得を促進するとしている。農地の貸借による企業等の農業参入にあたっても、地域の農業との調和が要件とされ、農業用水の管理等への参加も求められている。また、このチェックは農業委員会等*が行なうこととなっている。許可が必要な農地の農地以外への転用についても、規制が強化された。これらは、企業などの農業参入で大幅な規制緩和を図る一方、農地の位置づけにおいて地域を重視することを求めたものと言えよう。ちなみに、農業大国フランスでは家族経営とその法人を農業の担い手と位置づけて、地域に根ざした農業を育成している。世界を見ても、農業の基本は地域に根ざした家族経営なのだ。

一方、日本では家族は解体しつつあり、同時に農業をはじめとして地場産業は縮小し、地域が元気を失いつつある。こうした地域を再生する要は、地域の農業者や商工業者、女性、地域住民、都市住民などが主導する「農」ではないか。農地の利用についても、地域の農家が話し合いをして、それぞれの将来の生活設計をふまえて取り組むことが重要なのである。大規模に農業経営をする農家や法人に農地の利用集積を進め、高齢者や障害者などが参加

＊農業委員会
農家代表機関として農地法に基づく許可等の行政事務を行なう市町村に設置される行政委員会。農家から選挙で選ばれる委員とＪＡの理事や学識経験者等から選任される委員で構成され、委員の身分は特別職の地方公務員。

できる農業を支援し、多品種少量生産農家が農業を生業とできる条件整備を行なうなど、農業のあり方に柔軟性を持たせて多様な展開が期待される。このとき、地域住民や都市の消費者の参加・参画の視点を忘れてはならないだろう。新規就農者の養成や受け入れ支援の体制づくりも必要だ。

農産物加工品の販売、農業体験の受け入れ、グリーンツーリズム*の実施、滞在型市民農園等の開設など、各地ではさまざまな実践が行なわれている。近代以前あるいは昭和三〇年代までの〝百姓〟は、地域で生きることに必要な各種の知恵と技を備えていたという。少子高齢化、無縁社会が進行するなかで、その知恵と技の再評価がなされるべき時代が来たのではないだろうか。

*グリーンツーリズム
農山漁村地域において、地域の自然や文化、交流を楽しむ旅行。ヨーロッパで普及しているは農村滞在型バカンスがルーツ。一九九二(平成四)年度に農水省が提唱。

(2)都市から広げる〝有縁社会〟

◆無縁社会という現実

日本の社会は、都市化と核家族化の進展により、伝統的な家族や親族による支えあいや地域社会での互助機能が大きく減退し、人と人のつながりが薄れてきている。また新自由主義による競争原理のもとで、派遣労働の拡大などによる低賃金の固定化などを原因とする格差社会が現出し、雇用の不安定化や若者の失業の増大、無業者の増加などが大きな社会問題となっている。

他方、少子・高齢社会の進行のもとで、社会との絆《きずな》をなくして死を迎える人たちが増加しているという。

二〇一〇（平成二二）年一月に放送されたNHKスペシャル「無縁社会〜〝無縁死〟3万2千人の衝撃〜」は、文字どおり社会に大きな衝撃を与えた。番組は、行旅《こうりょ》死亡人＊の取材調査をはじめ、アパートの部屋で人知れず亡くなっていた人、誰とは分からないまま路上で亡くなった人などをリポートしたもので、HNKの独自調査によると、孤独のうちに亡くなり遺体の引き取り手もない〝無縁死〟は年間三万二〇〇〇人に上るという。

親や兄弟・姉妹、親戚《しんせき》との関係が絶たれ、近所付き合いもなく、社会とのつながりとなった仕事も失ったとき、その先には無縁死がある。番組は、こうした状況を生む〝無縁社会〟の進行に対しての警鐘であった。まだ地方では、どこの誰がどこに住んでいるかが明らかな社会がある。しかし、流入人口が多く、地縁血縁が薄く、地域共同体の機能が低い都市部では無縁死は避けられない現実なのだ。今後、特に都市部を中心に高齢者の単身世帯が急増することから、公助の拡充と自助に加えて、地域でお互いに支えあう協同の取り組みが大きな課題となっている。社会が、多様な人々の分業のもとに協力しながら成立していることをもう一度、確認することが大切ではないか。

無縁社会は、都市部から次第に地方へと広がっていくことが予測される。だかこそ、まず都市から、人と人のつながりが再構築していくべきだ。強制

＊行旅死亡人
住所や居所、氏名が分からず遺体の引き取り手のない死者で、発見場所や所持品などが官報に公告される。一八九九（明治三二）年に制定された「行旅病人及行旅死亡人取扱法」で規定された。

ではなく自発的な新しい絆が有機的に結ばれる社会を〝有縁社会〟と呼ぼう。この有縁社会を築くために「都市農」を再定義し、活用すればいい。その胎動を農村と都市の交流・連携へと広げていこう。

◆活き活きと生きるために

「都市農」は、行き場を失った若者たちにも社会参加の道を開く。すでに、いくつのNPO法人でニートやひきこもりと言われている若者たちの就労を支援する取り組みをしているなかで、農作業が良い効果を上げているという。

また、商店街の空き店舗を利用して農産物直売所や地産地消レストランにする活動も始まっている。たとえば兵庫県相生市では、〇一（平成一三）年に設立した「NPO法人ひょうご農業クラブ」がJAや商店街と連携して朝市を始め、この朝市を発展させ、〇三年には同NPO法人と商店街振興組合とJAあいおいが協同して空き店舗にコミュニティ施設「よりあいクラブ旭」を開設した。ここは、ミニ・デイサービスのほか、食堂や給食の宅配、高齢者向け惣菜《そうざい》の開発、近隣農家がつくる有機・減農薬農産物の販売などを行なっている。NPOを立ち上げて理事長に就任したのは、阪神・淡路大震災の際に食料供給などを担ったコープこうべの元役員。このときの経験から地域における「食」の大切さを痛感したのが、活動を始めた理由だ。今後の課題は、県内の過疎地域でつくられる有機農産物を取り扱うことだという。

「都市農」が有縁社会づくりに役立っている例として、前の章で紹介した国立市の青空デイサービスも挙げられる。ここでは、地域の高齢農家とサービス利用高齢者をつないでいる。町田市の「NPO法人たがやす」の活動も、有縁社会づくりになっている。「NPO法人畑の学校」の活動も、地域のなかで、農家と子どもたち、学校と地域社会をつないでいる。都市農家が始めた農業体験農園の理念には、その言葉こそないが、新たな〝有縁社会づくり〟があると言えるだろう。

誰もが活き活きと生きることができる社会。「都市農」をキーワードにすれば、そうした社会を築けるのではないか。「都市農」関係者と農村部の農家などとの情報交換・交流を進めていけば、さらに実効が上がるだろう。

◈ひと鍬の力を信じて「都市農」をつくる

都市にある農業・農地には、農業政策や住宅政策にとどまらず、教育、健康・福祉、防災、環境、コミュニティづくり、人間性の回復など多面的な観点での施策が必要となる。そうした視点から、都市農業・農地について以下の提案をしたい。
①いまある農業・農地を活かす。

②地域住民が「農」に参加できる仕組みの拡充を図る。
③多面的な機能を明確にする仕組みをつくる。
④農地・農家の屋敷林等を都市計画のなかに位置づける。
⑤都市に農地を増やす。

いまのまま放置すれば、農家は相続税の支払いや宅地並み課税の支払いのために農地を手放さざるを得なくなり、結果として都市に農地や農業はなくなることになる。それを防ぐためには税制改正が必要だ。また、「都市農業振興・地域コミュニティの再生法」(仮称)を制定し、農業体験農園の推進、地域における人々の取り組み・関係づくりの支援、農家による直売等の普及、食育と食農教育の実施、学校給食への地元農産物の供給、地産地消の奨励など総合的な取り組みが行なえるようにするべきである。

また、市街地の空き店舗・空家・空き駐車場を農地にして、地域で利用できる仕組みも考えられよう。その場合、一定の制限のもとに生産緑地と同様に都市施設として位置づけ、農地と同様に相続税納税猶予の適用ができる措置も検討されるべきであろう。

そのためにも都市計画法において市街化区域内の農地を明確に位置づけることが必要である。

具体的には、相続税納税猶予制度の拡充——市街化区域内農地で区・市等への貸借で納税猶予を認めることや屋敷林などの景観保全のための税制上の措置、物納農地の有効活用（国から区・市への貸与）などで、都市の農地を活用できる条件を広げていくことが必要である。ドイツのクラインガルテンのように市民主体による「農」への参加の制度化も重要である。

また、農家やJA等関係団体も、地方公共団体と一緒に地域住民との話し合いをしながら、相互に連携・協力していくことが大いに期待される。人と人のつながりを生み出す有縁社会を構築するうえからも、地域住民と農家・JA、生協、NPO等の多様な協同を期待したい。

都市農業・農地を守り、「都市農」をつくるには、人の生き方・暮らし方を変えることが求められるだろう。さらに言えば、私自身がふれあい農園で変わったように、「農」に参加することで、人の生き方・暮らしは変わるのではないか。ひと鍬《くわ》、ひと鍬耕す力が、日本の「農」と「食」を起こし、そして日本を変えていくことを信じたい。

阪神・淡路大震災で発揮された〝農力〟

一九九五（平成七）年一月一七日に発生した阪神・淡路大震災は犠牲者六四三三人、避難民約三〇万人という未曾有《みぞう》の被害を神戸一帯にもたらした。

震災当日、神戸市の西区をエリアとしていたＪＡ神戸市西（合併して現在ＪＡ兵庫六甲）は、農政事務所の要請に応えて、ＪＡの調理施設を提供し、おにぎりの炊き出しを始めた。被害の大きさが次第に明らかになるなかで、翌日からは六〇〇〇個を握った。それをこなしたのは、農政事務所とＪＡの職員、そしてＪＡ組合員の妻たちだった。ＪＡの有線放送で呼びかけて梅干、漬物も持ち込まれた。米はＪＡ神戸市西の保有米。しかし、すぐに底をつくのは明らかだった。

「倉庫に預かっている自主流通米を炊くしかない」。ＪＡ役員にとって、非常識な、だが迷いのない選択だった。これによって、一日一・五トンの米が二二日間にわたり提供されたのである。

また、組合員のボランティアが組織され、ＪＡ職員とともに救援物資配布を担当。四台の軽トラックが災害対策本部と避難所を行き来した。さらに、市場が被災してセリがストップしているなかで野菜の緊急集荷体制をつくったり、青空市を開催して売り上げを義捐金《ぎえんきん》に回すなど、農家の自主的な動きはスピーディーでスムースだった。

農家同士、農家とＪＡや地域は日常的につながりがあるから、緊急時に即連携できるのだという。それは、近隣のＪＡはじめ全国のＪＡが迅速にさまざまな救援を申し出たことにも窺《うかが》えよう。農村の互助的機能、農家の他者を大切にする感受性が、災害を他人事にさせないのかもしれない。阪神・淡路大震災は当然として、この災害において〝農力〟が確かに発揮されたことを風化させてはならない。

〈主な参考書籍〉

石田頼房『都市農業と土地利用計画』（日本経済評論社、一九九〇年）
石原健二・JA全中『知っておきたい改正農地法のポイントとJAグループの今後の取組み―農家組合員と地域農業を守るために』（JA全中、二〇一〇年）
越川秀治『コミュニティガーデン―市民が進める緑のまちづくり』（学芸出版社、二〇〇二年）
後藤光蔵『都市農業』（筑波書房ブックレット、二〇一〇年）
近藤克則編集『検証「健康格差社会」―介護予防に向けた社会疫学的大規模調査』（医学書院、二〇〇七年）
進士五十八『グリーン・エコライフ―「農」とつながる緑地生活』（小学館、二〇一〇年）
田代洋一『この国のかたちと農業』（筑波書房、二〇〇七年）
千葉県市民農園協会『市民農園のすすめ』（創森社、二〇〇四年）
蔦谷栄一『都市農業を守る―国土デザインと日本農業』（家の光協会、二〇〇九年）
暉峻衆三『日本の農業150年―1850〜2000年』（有斐閣、二〇〇三年）
ビル・トッテン『「年収6割でも週休4日」という生き方』（小学館、二〇〇九年）
星勉『共生時代の都市農地管理論―新たな法制度の提言』（農林統計出版、二〇〇九年）
廻谷義治『農家と市民でつくる新しい市民農園―法的手続き不要の「入園利用方式」』（農文協、二〇〇八年）

あとがき

　都市の「農」は、人と街を元気にしてくれる。そのことが、この十数年で少しずつ明らかになってきている。職業柄、農業の側から社会を見てきた。「都市農」の力はそれなりに感じていたが、農業体験農園を利用するようになって、それがリアルなものとなった。その一方で、課題も痛感する。数年前に聞いた、ある女性の声が心に残っている。

「ついこの間まで援農ボランティアで通っていた農家の畑がなくなって、いまではそこにマンションが建っている。聞くところによると、当主の方が亡くなって、相続税を支払うために売却したとのこと。なんとか農地として残せないものなのでしょうか」

　この冊子は、彼女への私なりの答えでもある。日本では、都市の農地や樹林地は、圧倒的に民有地が多い。そうした実情を踏まえつつ、長期にわたり望ましい土地利用が図られることが求められる。

　現在、国土交通省において都市計画法の改正に向けた検討が行なわれ、これに併せた形で農林水産省において都市農業・農地に関わる制度の検討が行なわれると見られる。したがって近い将来、都市農業・農地のあり方、方向性が鮮明になることだろう。地域住民と農家、地方公共団体の目線からも検討が行なわれていることを願ってやまない。

人口減少と高齢化が進むなかで、今後五～一〇年で、都市が、地域が、大きく変わることは確実であろう。国も、上下水道や道路など都市施設の維持管理の経費が大きく増えることは確実と見ており、都市生活そのものも変わらざるを得ないことが予想される。空き家や空き地が目立つ街、子どもたちの笑い声が聞こえず、お年寄りの姿も見かけない通り――そのとき、農業・農地はどうなっているのだろうか。

心配は要らないかもしれない。都市農業・農地には底力があるからだ。農業者の高齢化、相続税や固定資産税の問題があってなお、農家は頑張っている。また、「都市農」に触れた人たちのネットワークは、日々広がっている。法律や制度がちょっと後押ししてくれれば、もう大丈夫だ。

周知のように日本農業は岐路に立たされている。この時代状況で「都市農」を語る意味はあるのかと自問すれば、〝農林水産業〟が持つ〝多面的な機能〟が浮かび上がってくる。お金だけで計れない多種多様な機能・価値を正しく評価しなければ、日本社会に明るい未来はない。この冊子に付けた「都市農業・農地を活かすことで変わる社会」という副題は、私の願いである。

第1部執筆の蜂須賀裕子さんは、私が在籍するＪＣ総研が組織改編する前の社団法人地域社会計画センター時代に客員研究員だった。編集を引き受けた宮川典子さんは、私がＪＡ全中時代に企画・制作した「農住まちづくりブックレット」シリーズを手伝ってもらっていた。はる書房の佐久間章仁さんも、ＪＡ全中の刊行物の編集を行なってきた。こうした縁に支えられて、この冊子は刊行をみた。皆さんに御礼申し上げる次第である。

二〇一一年三月

櫻井　勇

「都市農」を考えるための戦後略年表

1945（昭和20）年　太平洋戦争終結。

1946（昭和21）年　「農地改革」実施（～50年）。

1947（昭和22）年　「農業協同組合法」公布。

1952（昭和27）年　「農地法」公布。

1954（昭和29）年　「全国農業協同組合中央会」設立。

1955（昭和30）年　日本「ＧＡＴＴ」加盟。

1960（昭和35）年　農林水産物121品目自由化。

1961（昭和36）年　「農業基本法」公布。

1965（昭和40）年　この頃から入園料徴収型の市民農園開始。

1968（昭和43）年　新「都市計画法」公布。

1969（昭和44）年　「農業振興地域の整備に関する法律」公布。

1970（昭和45）年　米の生産調整実施を通達。

1971（昭和46）年　グレープフルーツ（生鮮）、豚肉等自由化。

1972（昭和47）年　「日本列島改造論」発表。

1973（昭和48）年　第１次オイルショック。

1974（昭和49）年　東京都練馬区、老人クラブ運営農園開園。

「生産緑地法」公布（第１種生産緑地、第２種生産緑地、固定資産税の軽減）。

1975（昭和50）年　農地の相続税納税猶予制度創設（すべての農地を対象に猶予期限20年）。

「レクリエーション農園通達」。

1978（昭和53）年　東京都国分寺市、防災都市づくり開始。

第２次オイルショック。

1980（昭和55）年　「農住組合法」公布。

農政審議会「日本型食生活」推奨。

1982（昭和57）年　長期営農継続農地制度創設（～91年）。

1986（昭和61）年　「ウルグアイラウンド」開始（～94年）。

1989（平成元）年　プロセスチーズ、トマト加工品等自由化。

「特定農地貸付法」公布。

1990（平成２）年　リンゴ果汁等自由化。

「市民農園整備促進法」公布。

1991（平成３）年　牛肉・オレンジの自由化。

東京都国立市「やすらぎ農園」開園。

「生産緑地法」改正。三大都市圏の特定市の市街化区域内農地を生産緑地と宅地化農地に区分。

1992（平成４）年　農林水産省「グリーンツーリズム」を提唱。

1993（平成５）年　神奈川県横浜市「栽培収穫体験ファーム」開設。

「農業経営基盤強化促進法」（農用地利用増進法80年制定を名称変更）改正。

1995（平成７）年　阪神・淡路大震災発生。

ミニマムアクセス米の輸入開始。

横浜市、防災登録協力農地の指定。

1996（平成８）年　「東京の青空塾」開始。

練馬区「農と緑の体験塾」開園。

1997（平成９）年　練馬区「大泉　風のがっこう」開園。

練馬区とＪＡ東京あおば「災害時における農地（生産緑地）の提供協力協定」締結。

1998（平成10）年　「練馬区農業体験農園園主会」設立。

「日野市農業基本条例」制定。

1999（平成11）年　米の関税化実施。

「食料・農業・農村基本法」公布。

2000（平成12）年　「半農半Ｘ研究所」設立。

「総合的な学習の時間」段階的に実施。

2001（平成13）年　兵庫県相生市「ＮＰＯ法人ひょうご農業クラブ」設立。

「ドーハラウンド」（ドーハ開発アジェンダ）開始。

ＢＳＥ感染牛、日本で発見。

2002（平成14）年　東京都町田市「ＮＰＯ法人たがやす」設立。

「東京都農業体験農園園主会」設立。

2003（平成15）年　「ＮＰＯ法人畑の教室」設立。

構造改革特別区域法による特区農園開始。

農林水産省「食の安全・安心のための政策大綱」公表。

2004（平成16）年　愛知県豊田市「農ライフ創生センター」設立。

2005（平成17）年　埼玉県所沢市「ふれあい農園」開園。

東京都西東京市「トミー倶楽部」開園。

「食育基本法」公布。

「特定農地貸付法」改正。

「食事バランスガイド」決定。

2006（平成18）年　千葉県松戸市「古ヶ崎青空塾」開園。

2007（平成19）年　「仕事と生活の調和（ワーク・ライフ・バランス）憲章」策定。

「大阪府都市農業の推進及び農空間の保全と活用に関する条例」制定。

2008（平成20）年　「都市農地保全推進自治体協議会」設立。

「横浜みどり税条例」制定。

「田舎で働き隊！」事業開始。

2009（平成21）年　「学校給食法」改正。

「農地法」改正。

市街化区域以外農地の賃借権設定農地の相続税納税猶予が終身保有条件で可能に（「租税特別措置法」改正）。

国土交通省「都市政策の基本的課題と方向検討小委員会報告」。

「世田谷区農地保全方針」決定。

2010（平成22）年　「無縁社会～“無縁死”３万２千人の衝撃～」放送。

「ＮＰＯ法人全国農業体験農園協会」設立。

「全国都市農業振興協議会」設立。

「戸別所得補償」支払い（米のモデル事業の定額部分）。

2011（平成23）年　東京都日野市「コバサン農園」「石坂ファームハウス」開園。

著 者

第１部執筆
蜂須賀裕子（はちすかひろこ）
1953年東京都生まれ。
76年武蔵大学人文学部卒業、81年和光大学人文学部卒業。編集者を経て、フリーライター。農業、食、健康、福祉、女性、子どもなどをテーマに取材・執筆。
著書に寺子屋新書『農業で子どもの心を耕す』（子どもの未来社）、『脳を元気に保つ暮らし方』（大月書店）、『介護で仕事を辞めないために』（共著、創元社）など。
「蜂の部屋」『電脳くろにか』http://homepage3.nifty.com/motokiyama/

第２部執筆
櫻井　勇（さくらいいさむ）
1948年岐阜県生まれ。
70年３月名古屋大学農学部卒業。同年４月全国農業協同組合中央会（ＪＡ全中）入会、生活課長、地域振興課長、地域振興部長。2002年９月社団法人地域社会計画センターに移り常務理事、06年５月より組織改編により社団法人ＪＡ総合研究所常務理事、08年４月より同研究所基礎研究部主席研究員。11年１月より組織改編により社団法人ＪＣ総研基礎研究部主席研究員（現職）。
著書に『アグリ・レポート 国民にとって農業とは』（共著、家の光協会）。

いまこそ「都市農」！——都市農業・農地を活かすことで変わる社会——

二〇一一年四月八日　初版第一刷発行
著　者　蜂須賀裕子／櫻井勇
発行所　株式会社はる書房
〒一〇一-〇〇五一　東京都千代田区神田神保町一-四四駿河台ビル
電話・〇三-三二九三-八五四九　ＦＡＸ・〇三-三二九三-八五五八
http://www.harushobo.jp/
写真提供　小林和男／ＪＡ東京むさし三鷹地区青壮年部／蜂須賀裕子
装　幀　岩井友子（放牧舎）
組　版　有限会社シナプス
印刷・製本　中央精版印刷株式会社

ISBN 978-4-89984-121-0 C0061